JUMIÉGES

PROSE ET VERS

ET POÉSIES DIVERSES

PAR

ULRIC GUTTINGUER

ROUEN

IMPRIMÉ CHEZ NICÉTAS PERIAUX

RUE DE LA VICOMTÉ, 55

1839

JUMIÈGES

JUMIÈGES

PAR

ULRIC GUTTINGUER.

ROUEN

NICETAS PERIAUX

1839.

JUMIÉGES.

I

u'on nous permette cette opinion peut-être présomptueuse : l'histoire de l'abbaye de Jumiéges peut avoir été écrite, soit dans des ouvrages consciencieux et estimables, soit dans des articles agréables et spirituels ; mais la véritable impression de ces lieux n'a point été rendue.

Des voyages, des mémoires, des observations, des critiques, n'ont pas suffi pour donner la physionomie, le portrait de Jumiéges.

Nous n'y avons encore vu ni la méditation, ni la poésie.

C'est ce que nous tentons de déposer aujourd'hui sur ces belles ruines.

En toutes choses, il y a le dessin et la peinture, le trait et le coloris : il nous semble qu'à peine le crayon a passé sur Jumiéges.

Dans la vie des nations comme dans celle des hommes et des monuments, il y a le corps et l'ame : négliger l'un ou l'autre, nuit à tous les deux.

Nous avons désiré, pour Jumiéges, l'histoire et la tradition, le récit et la description, et encore la rêverie.

Nous avions d'abord composé une esquisse sur le modèle de celles qui ont déjà été données par plusieurs ; nous l'avons effacée, parce que, comme beaucoup d'autres, elle nous parut empreinte de trop d'abandon et de causerie d'une part, de l'autre, de trop d'aridité exacte.

Ce n'est point avec la plume de Chapelle et de Bachaumont qu'on peut écrire de Jumiéges ; pas davantage avec celle de l'antiquaire et de l'académicien, qui ne seraient que cela.

Si Volney était moins philosophe, moins incroyant, nous eussions désiré ici sa manière.

Châteaubriand !.voilà l'historien, le poète que nous implorons pour Jumiéges, car le génie du christianisme est là aussi, bien profond et bien éclatant.

C'est dire assez quelle route nous suivrons et comment nous comprendrons ce dont notre passion, plus que notre mince savoir, nous engage et nous pousse à parler.

II

LE culte, le goût, la mode, la manie
des antiquités (comme on voudra
dire , et ce sera toujours bien dit,
suivant les individus), se continuent en
France avec un empressement naïf, aimable,
honorable , touchant , et qui mérite, ou la

sympathie, ou l'indulgence, ou le secours de la science et des lettres.

Il ne faut point désespérer d'une société pour laquelle les souvenirs du passé ont tant de charmes. Il faut, surtout, remercier et bénir ceux qui ont amené là les pensées de notre ame et de notre esprit, dès les premiers jours de cette paix bienfaisante que Dieu veuille nous continuer, au milieu de la chaleur et de l'effervescence des passions et des ambitions de notre temps!

Dans ce premier mouvement des études des antiquités de notre histoire, nous remarquons avec émotion, et tout d'abord, un homme plus poète qu'historien, plus sentimental encore que savant, quoiqu'il le soit beaucoup : Charles Nodier.

C'est avec reconnaissance que nous le

voyons, avant tout, tourner ses pas vers la
Normandie et se presser d'arriver à Jumiéges,
terre dont nous osons, après lui, raconter
les souvenirs et les impressions. [1]

Depuis le voyage pittoresque de cet aimable, affectueux et profond archéologue,
Jumiéges est particulièrement devenu un
véritable pèlerinage.

Seuls restes bien conservés des antiquités
normandes, cette abbaye, dont les tours
excitent les questions des nombreux voya-
geurs que nous amènent les bateaux à va-

[1] S'il était possible d'emporter avec soi, et comme in-
dicateur, les belles feuilles du Voyage pittoresque de
Charles Nodier et Taylor, nous renoncerions certaine-
ment au faible travail que nous offrons aujourd'hui.
Mais bien peu peuvent se procurer ce bel ouvrage; ceux
qui l'ont ne peuvent s'en charger dans leur course.
Nous conseillons à tous de le bien lire avant le départ,
et au retour.

peur, est à chaque instant visitée par les poètes, les savants et les gens du monde.

Le goût de notre époque pour le passé y est pleinement satisfait. Il n'y a là aucunes déceptions ou ironies de camps romains et de vieux plâtres. Le corps et l'ame de l'abbaye de Jumiéges, quoique avec de profondes blessures, sont encore entiers. Une main pleine de piété et d'affection pour ces restes sacrés des vieux temps[1], conserve, augmente, entretient ce monument célèbre à tant de titres, dans notre histoire. Tout est rassemblé, autour et au dedans, pour satisfaire la curiosité touchante et honorable de la patrie.

Les renseignements anciens et nouveaux abondent, et les faits du vieux monastère

[1] M. Casimir Caumont, propriétaire de Jumiéges.

sont aussi connus qu'aucun trait récent de notre histoire.

C'est avec eux que nous nous sommes plusieurs fois mis en route pour voir et revoir, parcourir, contempler, méditer les ruines que nous n'avons pu, jusqu'ici, trouver moyen de raconter qu'en chantant quelques-uns de leurs souvenirs, quelques-unes de leurs impressions.

Les vers que nous leur avons consacrés à diverses époques, sont les seuls peut-être que nous désirons sauver d'un oubli mérité.

Néanmoins, s'ils peuvent répondre à quelques émotions, à quelques pensées générales de sentiment historique, ils ne nous semblent pas raconter avec assez de suite la vie passée et nouvelle du lieu dont nous essayons aujourd'hui de donner une description plus complète.

Amené des premiers sur ce sol, dans ces ruines, il y a déjà long-temps, et lorsque peu y songeaient, nous avons commencé, comme tout ce qui commence dans le monde, par les chants de l'impression spontanée de la surprise et de l'admiration.

La première expression de l'homme fut poétique. Les poèmes racontent d'abord ; les réflexions, les dissertations et la critique enfin, triste et dernier degré de la pensée humaine, viennent plus tard. Voyez la Bible, voyez Orphée, Homère ; lisez Tacite, Robertson, Guizot, Thierry ; lisez.., si vous pouvez, le reste.

C'est un étrange travail à contempler que ces effets du temps, ce tourment des esprits, et le cercle qu'ils sont condamnés à parcourir ! Cette contemplation est, heureusement pour notre faiblesse et pour le lecteur, hors de notre sujet, dans lequel nous nous empressons de rentrer.

Savant, voyageur, pélerin, homme de sentiment ou du monde, vous n'avez que l'embarras du choix et du beau pour arriver à Jumiéges, quand vous avez quitté Paris.

Les bateaux à vapeur vous prendront à Saint-Germain-en-Laye, si cette voie vous tente, et vous berceront pendant cinquante lieues, dans leurs frais et jolis paysages; ils vous remettront à d'autres bateaux à Rouen, qui auront les mêmes tableaux à vous offrir, mais plus grands, plus vastes, plus imposants, et animés par toutes ces voiles venues des hautes mers et vous faisant pressentir l'Océan et ses grands spectacles.

2

On vous laissera, à la hauteur des tours
de Jumiéges, sous des ormes touffus, entre
des collines qui resserrent étroitement le
fleuve en cet endroit, et le rendent calme
et limpide comme un des gracieux lacs de
la Savoie.

Une fois débarqués, vous n'avez plus que
quelques pas à faire pour frapper à la porte
de l'antique monastère, qui s'ouvrira aussitôt, n'en doutez pas.

Pourtant, je ne vous conseille point cette
voie, par une raison que je vous prie de
me pardonner, c'est que je ne l'ai point
suivie.

La *vapeur* m'est antipathique, comme
les voyages *en commun*, et ce mot me sert
à merveille. Nul bonheur, nulle paix, nulle
rêverie possible dans ce bruit du balancier

monotone, de ces roues et de ces chaudières, au milieu de ces mille curieux, fâcheux, indiscrets, qui mangent, boivent et parlent (qui pis est), mêlant tous les besoins et toutes les industries à la belle nature, dont le calme, l'accord et les parfums sont ainsi troublés et rompus.

La route de terre, avec ses collines boisées, ses forêts que vous traversez et où s'ouvrent de ravissantes clairières sur d'immenses et délicieux horizons, me paraît en tous points préférable, surtout si vous pouvez la parcourir en calèche découverte et traînée par nos bons et vigoureux chevaux normands.

Vous sortez de Rouen par une splendide avenue d'ormes qui vous conduit au charmant village de Bapaume, berceau du grand Corneille.

Vous grimpez la rapide et tournoyante montagne de Canteleu, qui vaut bien qu'on s'y arrête quelques heures pour voir les merveilles de nature et d'art qu'y accumule, avec une patience et un goût persévérants, un des premiers artistes de jardins de France, M. Elie Lefebure.

Le chemin devient ferme et onduleux, facile et orné comme une route anglaise.

La Seine, que vous venez de quitter, vous apparaît bientôt de nouveau du haut des coteaux de Saint-Georges-de-Bocherville, et vous la côtoyez au milieu des oseraies et des pommiers, jusqu'au bourg de Duclair, où vous relayez sur les bords du fleuve, au milieu des rames et des voiles qui se croisent sans cesse à ce passage, ou jettent l'ancre pour attendre le flux, a l'abri des belles îles qui font de la Seine un lac enchanté. Les chevaux atelés, vous irez à Jumiéges. En sortant de Duclair, le postillon se jette subitement à main gauche dans une traverse assez triste, mais aussi bonne qu'une traverse peut l'être.

Sommes-nous loin de Jumiéges, postillon...?—A deux pas. — L'impatience vous prend, car vous ne savez pas peut-être ce que c'est que les deux pas d'un paysan normand : on dirait qu'il les fait avec des bottes de sept lieues.

Jumiéges ! Jumiéges !... Où donc est Jumiéges ?

Des terres maigres, quoique cultivées, des champs, de courtes forêts se succèdent sans que vos regards qui interrogent l'horizon, découvrent autre chose que des blés ou des avoines.

Jumiéges, au fond d'un bourg et dans un pli du terrain, ne vous apparaîtra que lorsque vous pourrez, pour ainsi dire, le toucher de la main.

III

Ainsi nous arrivions, à la fin d'un beau jour d'été, à l'entrée du bourg de Jumiéges.

L'abbaye s'offrit subitement à nous dans toute son élévation et montrant son flanc noir et grisâtre entouré de lierres, de figuiers, de buissons, d'ormes et de bouleaux, entremêlés de touffes nombreuses

de giroflées jaunes, qui chargeaient l'air frais
et doux de leurs simples parfums.

Je fis arrêter la voiture, que je laissai
aller vide à sa remise, et, traversant une
cour d'herbe courte et fleurie, celle du presbytère je crois, je me trouvai au pied des
vieilles murailles solitaires et silencieuses.

Ce côté, qui reçoit les rayons de l'orient,
me parut presque entier et intact, miraculeusement conservé, si l'on réfléchit aux
événements des longs siècles avec lesquels
le monument a combattu. Au pied étaient
de longues herbes touffues et des débris
amassés. En prenant sur la gauche, nous
rencontrâmes un immense lierre qui tapisse
à une haute élévation le mur d'enceinte et
un côté des colonnes du chœur. C'est là
que toutes les traditions placent les restes

d'Agnès Sorel. En nous reculant davantage au midi, nous eûmes l'aspect de l'abbaye dans ce qu'elle a de plus romantique et de plus pittoresque. Notre regard la traversait du midi au nord, prenant ainsi toutes les galeries intérieures, et tout l'espace de la nef et du chœur. Nous voyions les tours au fond et devant, et, tout près de nous, un pan brisé à son haut sommet, suspendu dans les airs, et comme soutenu par une main surnaturelle. Il semblait ne plus attendre qu'un souffle de l'air, ou un coup de marteau à sa base, pour s'écrouler et disparaître; la couleur, reste d'une fresque effacée, recevait du soleil couchant une teinte mélancolique indescriptible.

Les derniers rayons pénétraient aussi à travers les ogives et les ouvertures du côté de l'ouest, et venaient au milieu des éboulements se briser, se croiser, se multiplier sur les murs, sur les tours, sur les fleurs et sur la verdure.

Nous joignions les mains, nous levions les yeux avec la plus délicieuse admiration.

Traversant un angle du vaste jardin de l'abbaye par un sentier que Cicéri ne dessinerait pas mieux qu'il ne l'est, nous vîmes l'autre revers de l'abbaye empreint d'une dévastation qu'on dirait l'effet d'un incendie, tant il est immense et semble récent.

On nous appelait à la porte d'enceinte qui se trouve en face de celle de l'église.

Nous y courûmes, et, après quelques ordres donnés, nous revînmes nous asseoir avec notre hôte devant le monastère.

IV

Ce que j'ai toujours désiré, disais-je à nos amis réunis contre une rampe ornée de roses du Bengale et au pied de la salle des gardes des Rois protecteurs de l'abbaye, ce que j'ai toujours désiré en abordant de semblables lieux, c'est

de n'avoir point de gros et vieux livres à
ouvrir, de dates à vérifier, de faits à con-
tester. Le moindre travail de l'esprit dans
ce genre, amène vite à la fatigue, à la pré-
tention et à la sécheresse.

— Cependant, dit l'un de nous, la connaissance des évènements passés est ici in-
dispensable.

— Sans doute, mais voici ce que je voudrais : trouver, à mon arrivée dans ces beaux
aspects historiques, une table sommaire au
front des grands débris; leurs archives
résumées; quelques noms qui disent tout.
Vous figurez-vous le soulagement et la sa-
tisfaction du visiteur, assis à notre place
vis-à-vis de ces clochers, de ces arceaux,
de ces lierres, de ces fleurs de ruines, et

lisant, sur un beau et spacieux marbre noir,
et en lettres d'or :

Abbaye de Jumiéges.

Saint Philibert, attiré dans ces solitudes,
qu'il appelle *la Terre des Gémissements*,
fonde l'abbaye sur les restes d'un ancien
château fort, poste militaire des Romains.
Cela eut lieu en 640, sous Clovis II et
sainte Bathilde.

Austérité, sainteté, science.

————

Les premiers religieux, groupés autour
du saint, s'appliquent d'abord à convertir
la contrée au christianisme.

3

Les Énervés : c'est le premier fait de
cette histoire.[1]

On nomme ainsi deux fils de Clovis, mu-
tilés pour crime de haute trahison. Livrés
aux flots après leur supplice, ils sont poussés
sur la rive des gémissements. Recueillis dans
l'abbaye, ils deviennent l'origine de son immense et miraculeuse prospérité.

Le roi et la sainte la comblent de dons.

Saint Ouen, chancelier de France, lui
accorde une puissante protection.

Les sciences et les lettres y trouvent un
pieux refuge à l'issue des siècles barbares.

Hastings, à la tête d'une armée de Danois, attaque, pille et détruit l'abbaye.

[1] *Voir* la note sur les *Énervés.*

877. — Rollon, premier duc de Normandie, après son mariage avec Gisèle, fille
du roi de France, visite ces ruines et est
frappé de leur grandeur. Il appelle l'attention de son fils sur leur avenir.

900. — Deux religieux, échappés au
massacre d'Hastings, et réfugiés à Rouen,
viennent en pleurs prier sur les débris de
leur monastère [1].

Ils retrouvent l'autel, et leur faiblesse
et leur pauvreté conçoivent la pensée de
faire reconstruire l'abbaye. Ils se construi-
sent une chaumière. Ils quêtent. Le décou-
ragement allait les saisir; Guillaume-Longue-

[1] *Voir* le Poëme.

Épée, fils de Rollon, attiré dans ces dé-
serts par une chasse lointaine, rencontre
ces moines. Il est ému de leur zèle.

En revenant à Rouen, il rencontre un
sanglier furieux ; précipité à bas de son
cheval, et près de mourir, il échappe miraculeusement au danger.

Frappé de cet événement, il revient chez
les moines et leur promet ses trésors pour
relever l'abbaye.

En 930, la dédicace de l'église est faite.
L'abbaye se relève. Ses biens sont rachetés.

Saint Guillaume, évêque de Dijon, y
vient, en l'an 1014, rétablir l'ordre et la
règle négligés.

Richard II, dit le Bon, quatrième duc de

Normandie, venait tous les ans plusieurs fois à Jumiéges, qu'il comblait de biens.

———

Edouard-le-Confesseur, roi d'Angleterre, fut élevé dans le saint monastère. Il y prit le goût de l'austérité et de la chasteté.

———

En 1066, Guillaume-le-Conquérant vient assister à la dédicace de la grande église entièrement terminée.

Des écoles gratuites y sont ouvertes sous son règne [1].

Vers ce temps, Harold, grand sénéchal d'Angleterre, y renouvelle à ce prince la promesse qu'avait faite à son père Edouard-

———

[1] Méditez là-dessus, libéraux qui croyez les avoir inventées, et vous qui vouliez les fermer.

. . .

le-Confesseur, de donner à son fils la couronne d'Angleterre.

———

De 1112 à 1117, l'abbaye fut plusieurs fois ravagée.

———

1198. — Richard-Cœur-de-Lion vient à Jumiéges ; il y passe les fêtes de la Pentecôte.

———

1300. — Hospitalité, science, charité, également pratiquées.

Clément VI, d'abord archevêque de Rouen, puis pape, vient visiter Jumiéges.

———

1400. — Alexandre V, pape, accorde aux abbés de Jumiéges le droit de porter la mître, l'anneau et les autres ornements pontificaux, aux grands jours, en récompense des services rendus par l'abbé Simon, dans le schisme de Grégoire XII et de Benoît XIII.

Pillages, désordres, malheurs, peste.

———

1431. — L'abbé Nicolas est un des juges les plus ardents de Jeanne d'Arc. A son retour du procès, il meurt d'une horrible maladie.

———

1449. — Charles VII à Jumiéges.

Triomphes et délassements du roi dans la sainte abbaye.

La mort d'Agnès interrompt ses fêtes. Elle meurt, belle et charmante encore, dans

¹ *Voir* le Poëme.

son manoir du Ménil près Jumiéges. Son repentir, ses larmes. Ses tendres discours au Roi. Elle donne son cœur à Jumiéges.

———

1777. — Son tombeau est placé dans la nef de l'église.

Les Calvinistes en volent la statue, l'or et le cuivre. Les révolutionnaires de 93 profanent, détruisent ce tombeau, en dispersent les restes. Ainsi se termine la glorieuse et douloureuse histoire de l'abbaye de Jumiéges.

———

En 1824, la duchesse de Berry visite ces ruines.

Depuis lors, rien de remarquable n'y est survenu.

La révolution a vendu l'abbaye. Elle n'a pu emporter les pierres ; sa suite y serait sans doute parvenue, si le sort n'en avait autrement ordonné, en faisant arriver ces débris aux mains d'un homme qui en comprend et en conserve toute la pensée.

1838.

Qui donc, après avoir lu cette table, en même temps qu'il contemplait les ruines, n'aura pas une juste et suffisante idée de la grandeur de ces lieux ?

Si, après ces noms de saints, de papes, de héros, de rois, vous demeurez indifférent, si vous ne vous sentez point l'ame attendrie, élevée, renoncez au culte des ruines et du passé, éloignez-vous de l'abbaye, et vivez du présent, et du présent matériel et positif.

Mais si le silence et la rêverie vous atteignent en ce moment, venez!

V

QUOIQUE la nuit approchât, nous ne voulions pas remettre au lendemain notre visite.

Ayant passé l'entrée aussi facilement que celle d'une cathédrale, nous nous trouvâmes aussitôt comme environnés de la sainte église, enfermés et recueillis par elle.

La première obscurité se faisait pressentir; un vaste jour pénétrait pourtant
par l'ouverture que laisse l'écroulement de
la voûte qui couvrait jadis l'autel; les derniers rayons du soir, presqu'aussi vifs et
aussi colorés que ceux de l'aube matinale,
tombaient sur la place où les cierges s'allu-
maient autrefois.

L'arceau brisé reproduisait là sa décora-
tion poétique, et couronnait la scène. En
nous retournant, la tribune aux orgues et
les deux galeries latérales qui s'y réunissent,
nous apparaissaient entières et avec leurs
tourelles élancées.

Nous avançâmes vers ce fond, et, prenant l'escalier à notre droite, nous arrivâmes bientôt à cette tribune, d'où nous aper-
çûmes mieux les ravages du temps et ce

qu'on lui avait arraché, pour quelques années encore peut-être.

Nous entrâmes alors dans la seconde tourelle, dont nous montâmes l'escalier tournant et rapide jusqu'à son sommet.

Un horizon vert et bleu, coloré de toutes les nuances du crépuscule d'une belle journée, n'attira que peu de minutes notre regard ; l'immuable nature elle-même avait perdu de son charme et de son attrait devant les souvenirs et les pensées que faisaient naître ces débris de notre passagère et fragile humanité.

Revenus dans la grande tribune, nous nous y assîmes sur une pierre écroulée, où la nuit nous surprit.

Comme nous allions lui céder le cloître et nous retirer, deux torches éclatantes

4

parurent à l'entrée des souterrains : elles
jetèrent aussitôt une clarté merveilleuse
sur ces belles ruines.

Un voyageur suivait ces flambeaux, et,
m'avançant vers lui, je le reconnus pour un
ami, peintre et antiquaire distingué que
je n'avais pas vu depuis longues années.

Il venait, nous dit-il, contempler l'abbaye encore une fois. Depuis long-temps il
visitait chaque année ce lieu, où son crayon
et sa plume trouvaient sans cesse un nouvel
aliment.

Je lui demandai de me raconter les impressions qu'il y avait recueillies de ses fré-
quentes visites : il fit alors asseoir ses guides,
avec leurs torches, sur les deux pans laté-
raux de l'église, et se mit à causer avec moi.

Le silence était grand ; la nuit sereine

mêlait ses étoiles à la lueur résineuse de nos flambeaux, et voici comme il parla :

« Que n'êtes-vous venu quelques années plutôt, mon ami, et avant que les révolutionnaires et les Anglais nous eussent dépouillés des travaux dont les arts s'étaient plu à doter ce lieu de la prière et du sacrifice ? Vous eussiez vu, sur ces vitraux, sur ces fresques, les plus remarquables scènes de nos écritures et de notre histoire. Depuis le bain de Suzanne, le prophète Jonas et la croix de Jésus, jusqu'aux ravages des Danois et aux visites des rois et des papes en ces lieux.

« Ce qui en reste peut donner une idée du talent des artistes de ces temps reculés; vous en pourrez apercevoir encore, de tous côtés, les lambeaux que le temps efface de plus en plus.

« Les sculptures du chœur méritent toute votre attention. Je ne l'appellerai point sur cette profusion de monstres bizarres, d'animaux hideux dont l'église environnait alors ses chefs-d'œuvre et dont les débris sont partout ici sous vos pas[1]; bien que ce soit un signe caractéristique d'époque souvent explorée, je ne les rencontre qu'avec tristesse. Je déplore de penser qu'il ait fallu de ces épouvantements à la

[1] M. Casimir Caumont a déterré un grand nombre de ces monstres de sculpture, jeux bizarres des imaginations exaltées par l'excès des croyances ou des superstitions.

Ils sont fort curieux à examiner sous le rapport de l'art et celui des idées et des allégories dont ils sont l'expression extravagante. Le démon uni à la bête y joue un role très significatif.

foi du Christ ; et cette ressemblance avec les satyres et les monstres du paganisme, m'afflige profondément.

« Voilà pourtant ce que deviennent les plus hautes, les plus sublimes et les plus religieuses pensées, entre les mains des hommes !

« L'Olympe descend à Priape, le ciel chrétien à la *gargouille* et au *loup vert!* Misérables hommes !

« Vous pouvez suivre encore, sur les contreforts des croisées, les traces de l'histoire sainte et temporelle des premiers âges et de nos premiers siècles.

« Les styles de différentes époques attestent encore suffisamment les ravages, les réparations de l'abbaye, et combien de mains puissantes y portèrent leurs efforts pour détruire et pour réédifier.

« Mais le temps inévitable vient, après toutes ces luttes, prouver la vanité des plus forts, des meilleurs comme des plus méchants.

« Voici que les voûtes du portail, exposées aux pluies et aux tempêtes, laissent maintenant tout à découvert. La façade lézardée atteste les secousses que nos terribles vents d'ouest font éprouver à l'édifice.

« Les murailles de la nef subsistent encore entières à l'intérieur ; leur construction remonte pourtant à Guillaume-le-Conquérant. Cette voûte, soutenue par ces épaisses colonnes, tient bon, malgré de larges blessures, et les tours aussi, sentinelles avancées et robustes du monument.

« La voûte du Nord, avec ses colonnes plus légères, est percée de distance à distance ; ses arceaux désunis semblent à chaque heure prêts à s'écrouler. Le lierre y glisse ses racines et sa verdure ; la plante va bientôt remplacer la pierre, la nature va reconquérir ce qu'on lui avait enlevé : on dirait qu'elle ne donne que par emphytéose le terrein où les hommes bâtissent leurs demeures, et même leurs temples. A un terme un peu plus ou un peu moins long, elle revendique et reprend ses droits et le sol qu'elle n'a que prêté.

« En 1820, vous eussiez vu encore, au sommet de ces murailles, les quatre évangélistes et un ange adorateur d'une admirable exécution. Tout cela, et les chapiteaux des colonnes, a été *conquis* par

l'Angleterre en pleine paix, et on ne saurait
dire comment. Nous sommes un admirable peuple de dupes et de négligents!

« Vous aurez déjà admiré, à votre premier coup d'œil, ce pan du haut de la nef
sur lequel s'élevait autrefois une tour en
pyramide; l'arc en est d'une hardiesse ef-
frayante, et bien hardis sommes-nous de
passer si souvent à cet endroit. C'était
près de cette tour qu'était placée la chapelle de la Vierge. Le tombeau d'Agnès
Sorel était là aussi; sa mort l'avait rendue
digne de cette place. On y lut long-temps
ces simples et touchantes paroles :

.... Dame de Beauté,
de Roqueferrière, d'Issoudun et de Vernon-sur-
Saine; piteuse entre toutes gens, et qui largement
donnoit de ses deniers aux églises et aux pauvres;
laquelle trépassa.........................

« Tout autour s'accumulaient les saints
et les statues des fondateurs et des protecteurs de l'abbaye.

« J'ai vu, dans ma jeunesse, un magnifique
saint sépulcre en marbre, porté de cette
église en celle de Caudebec, où on me dit
qu'il est encore intact, ainsi que beaucoup
d'autres monuments.

« La révolution, dans cette belle haine
des rois si éclairée que vous lui connaissez,
a brisé, sous mes yeux, les statues de Clovis, de saint Philibert, de Hugues, de
Rollon, de Longue-Epée et de Charles VII.

« Oh! que de fois je suis venu rêver ici
de ce passé qui fait une partie de ma vie!
Le jour et la nuit même, j'y lus souvent
les récits des vieux temps : plein de foi,
d'enthousiasme, quelquefois aussi de pitié

pour ce qu'ils racontaient, j'y vivais tout
entier, et à tel point, qu'assoupi par la
fatigue, je revoyais, dans un demi-som-
meil, les hommes et les faits d'autrefois.
Cela m'arriva plus particulièrement dans
une soirée de printemps que j'avais terminée ici : c'était le second jour de la
Pentecôte de 1827.

« Mon sommeil, sur ces herbes touffues,
qu'un temps orageux rendait plus pesant,
m'amena des visions qui avaient toutes
les formes des réalités.

« Comme j'avais pensé, une partie de la
journée, que ces fêtes étaient celles que
choisissaient autrefois les saints et les
rois pour venir habiter l'abbaye, je ne
suis point surpris que mon imagination
créa facilement les détails et les discours de

ces scènes passées depuis tant de siècles.

« Je vis successivement arriver nos vieux rois francs, nos terribles ancêtres normands, et toutes les gloires et tous les malheurs qui remplirent cette enceinte.

« Les sentiers environnants me semblaient couverts par les escortes guerrières de ces terribles, fatales ou providentielles puissances. Je voyais les armures de fer briller au soleil ; je les entendais retentir sur les dalles du cloître. Les volées des cloches de Jumiéges annonçaient ces visites imposantes et honorables : le chœur, la nef, les galeries, les issues, se remplissaient d'hommes d'armes ; et l'orgue, environné de drapeaux et de bannières, des devises et des oriflammes, entonnait l'ardent *Te Deum* et ces psaumes magnifiques, sentences des nations, leçons des rois, consolation des peuples, refuge des forts et des faibles, des grands et des petits ! chant rempli de simplicité, de grandeur, qui semble plaindre, dans sa sublime mélancolie, les triomphes des nations et des rois, autant qu'il les exalte et les glorifie ! hymne et cantique qui mêle à l'allégresse de la victoire les larmes de la piété et de la reconnaissance. J'entendais,

« Sanctus !

« Sanctus !

« Sanctus !

« Et *ce chœur glorieux des Apôtres !*[1] ce Christ, l'ami des humbles, nommé

[1] « Gloriosus apostolorum chorus. »

enfin *le Roi de la gloire* [1], et ce *miserere nobis*, que la religion, dans sa sagesse profonde, dans son intime connaissance de notre condition humaine, n'oublie jamais de mêler aux élans de ses saintes joies, et qu'elle sait devoir être de toutes les fêtes de la terre :

Seigneur! Seigneur! ayez pitié de nous! [2]

« Je voyais les promenades, le repos, le sommeil de ces majestés et de ces saintetés immortelles. Les pierres éparses me semblaient ensuite se rapprocher, se réunir, et recomposer les tombeaux du monastère. Les crosses, les mitres d'or brillaient de tout leur primitif éclat. Sous ce beau

[1] « Tu rex gloriæ, Christe. »
[2] « Miserere nobis! » —Cantique: *Te Deum.*

lierre que vous voyez au mur ruiné de la
chapelle d'Agnès, les petits fragments de
marbre noir épars sur le sol, s'élevaient
en monument; et l'épitaphe d'or, étince-
lante, y montrait ses humbles, touchantes
et expressives paroles :

« Hic jacet in tumula
Mitis simplexque colomba. »

« Ici repose, dans la tombe,
La douce et timide colombe. »

« Tout cela exista pour moi véritable-
ment pendant plusieurs heures, et je peux
dire que j'ai vu l'abbaye *dans son antique splendeur*.

« Mes méditations s'en ressentaient au
réveil. Je songeais que, durant le cours
d'une vie assez longue et remplie par trois

révolutions, d'événements aussi bien mé-
morables, je n'avais vu réellement aucuns
spectacles de gloire, de puissance, qui
approchassent de la poésie d'un tel rêve.

« Ces siècles passés avaient, au milieu
de ce qu'il plaît à notre orgueil d'appeler
leur ignorance, trois choses que rien n'a
remplacées : l'amour, la foi, l'obéissance !
puissances immenses pour fonder, pour
élever, pour embellir.

« L'amour et l'obéissance, ces choses
dont Dieu lui-même fait sa gloire et ses
délices ! L'amour et l'obéissance, qu'accep-
taient autrefois le génie et la force, et
que dédaignent aujourd'hui la médiocrité,
la moquerie et la faiblesse. L'amour et
l'obéissance, ame et condition de la vie
sociale. L'amour et l'obéissance, mots

remplacés par ceux de philosophie et de
liberté ! par cette liberté qui faisait dire
à Montesquieu ces admirables paroles si
applicables à nos jours : « Les Dieux qui ont
« donné à la plupart des hommes une lâche
« ambition, ont attaché à la liberté autant
« de malheurs qu'à la servitude. »

« Ces ruines, les troisièmes et sans doute
les dernières de l'abbaye, me rendaient
respectueux pour les jours de foi et de
fidélité.

« Mais quoi ! me disais-je ensuite, la haine,
la violence, l'impiété des actions, la révolte
et le désordre, n'ont-ils point passé dans ces
anciens jours, agités comme les nôtres,
ayant d'autres vertus, mais aussi d'autres
vices !

« Tant de prêtres que recouvrent aujourd'hui l'herbe ou les pierres, ne furent-ils pas dissolus, violents, ambitieux!

« Ne fallut-il pas que les saints et les princes de l'Église vinssent purifier l'abbaye d'immondes souillures! purifications dont la justice divine ne put se contenter! Toute cette destruction, d'où vient-elle?

« Est-ce des fautes et du châtiment qu'elles attirent?

« Le désordre, la cruauté, les vices des jours passés, n'ont-ils pas été punis par la violence et l'impiété des jours présents?

« L'abus est-il donc éternel chez l'homme, et le châtiment aussi? Quel est donc ce cercle fatal d'où nous sortons, où nous rentrons, peuples, individus, temples et maisons, nature et dieux mêmes!

« *Mystères! adorons!* » a dit un de nos poètes.   ..

« Voilà la devise qui me rend chers les anciens jours. Ils avaient la clef de tout dans quelques mots sacrés : soumission, foi, repentir, expiation, prière.

« C'est par où allait finir mon rêve et ma méditation, lorsqu'une vision nouvelle vint la prolonger :

« Je voyais le sommet de cet arceau suspendu dans les airs s'entr'ouvrir, et un ange triste, ayant les traits d'une jeune vierge, s'en élancer, descendre et s'arrêter près d'une pierre tumulaire sur laquelle nous sommes assis en ce moment.

« Sous le pied blanc de l'ange, la pierre s'agitait ; elle sortit de sa place avec violence, au nom qu'il prononça d'une voix plaintive et sévère.

« Quelques flammes s'élevèrent de la tombe qui venait de s'entr'ouvrir, et, au milieu d'elles, m'apparut un prêtre sanglant qui vint tomber aux pieds de l'ange radieux, suppliant avec angoisse, et paraissant souffrir d'atroces douleurs [1].

« L'ange, dans l'attitude rêveuse et guerrière, chaste et noble, discrète et courageuse que le génie d'une femme artiste et princesse à su, de nos jours, donner à sa statue [2], regardait le misérable avec un regret calme et un reproche mêlé de clémence et de pardon :

« Reconnais-tu Jeanne d'Arc, dit l'ange

[1] Nicolas Dubosc, abbé de Jumiéges, un des juges les plus ardents de Jeanne d'Arc.

[2] Tout le monde se rappellera la statue dont le Musée de Versailles a été doté par le génie de l'infortunée princesse Marie d'Orléans, duchesse de Wurtemberg.

« avec émotion ! toi mon juge , mon juge
« inexorable , le juge d'une jeune fille qui
« avait sauvé ton pays, ton abbaye, de ces
« Anglais à qui tu as accordé ma mort! toi
« qui m'as condamnée aux flammes dont mon
« courage avait sauvé tes biens !

« Comprends-tu, maintenant, l'horreur de
« mon supplice, l'excès de ces souffrances,
« dont la récompense éternelle est si déli-
« cieuse aujourd'hui? »

« L'abbé de Jumiéges se tordait dans les
larmes, les feux et les grincements, sous
les torches sanglantes de l'enfer.

« Où sont tes complices? » dit l'ombre de
Jeanne. « Appelle-les; Dieu le veut. »

« L'abbé cria, d'une voix déchirante, les
noms de Winchester, de Warwick, ceux

des évêques de Beauvais, de Terrouenne, de Noyon, des abbés de Bayeux, de Fécamp, du Bec et de Saint-Michel [1].

« Ces prêtres s'élevèrent des décombres de l'autel, avec une infernale escorte de démons qui leur faisaient lire leur inique sentence, tracée en lettres de sang, à la lueur de leurs flambeaux livides, qu'ils secouaient autour des coupables, pour en faire autour d'eux un immense bûcher.

« Au-dessus de leurs têtes planait une figure satanique riant avec effort, convulsion et malice infernale. Le damné qui la portait avait au front des lettres que semblait avoir tracées un fer brûlant, et où se lisait le nom de *Voltaire*.

[1] Tous juges de Jeanne d'Arc.

« Sa joie hideuse eût été grande de voir
des abbés, des évêques, des cardinaux
devenus la proie de l'enfer; elle eût suspendu ses propres tortures; mais la gloire
et la beauté de l'ange donnaient à ses traits
une expression de rage et de haine qui
couvrait sa joie impie. Ses yeux insolents,
son méchant sourire semblèrent vouloir
encore insulter l'ombre radieuse qui contemplait ses juges si sévèrement jugés à
leur tour; un mot indécent s'avança sur les
lèvres du poète de l'enfer; mais la torche
brûlante d'un démon l'effaça sur la bouche
frénétique du damné, en même temps qu'un
regard de mépris de l'ange l'obligeait à
baisser ses regards impudents et faisait taire
cette bouche impure qui ne pouvait plus
braver et outrager l'innocence et le ciel
impunément.

« Le misérable abbé de Jumiéges, qui avait joué le rôle le plus odieux dans l'infâme procès de la vierge d'Orléans, semblait souffrir plus que les autres acteurs de cette scène, et en attendre la fin avec plus d'anxiété.

« Elle fut longue encore à venir; il fallut que la terrible procédure de Rouen repassât devant eux, qu'ils en épuisassent toute la lâcheté cruelle, toute l'iniquité révoltante.

« La sentence fut lue, et joignit la honte à tous les supplices.

« Tout cela accompli, les cieux s'ouvrirent! La vierge, jusqu'alors muette et rêveuse, humble et immobile, déploya ses ailes glorieuses, entonna l'*hosanna*, et ses yeux se remplirent du céleste bonheur qu'avaient à jamais perdu ses juges d'autrefois.

« En même temps la terre s'ouvrit et laissa

voir l'abîme avec ses ténèbres et ses feux,
où furent rejetés avec d'effroyables douleurs l'injustice et l'impiété. Cette scène fut
la dernière de mon rêve, et j'en restai long-
temps ému et pénétré. »

Ayant ainsi parlé, mon ami me proposa
de faire avec lui le tour extérieur des ruines
et de nous promener dans les jardins aux
rayons de la lune qui se levait.

VI

Nous avons dit, au début, une partie des formes et des apparences de l'abbaye. Je ne m'arrêterai, en ce moment, qu'au côté nord-ouest, où un vaste écroulement se voit à ce flanc de l'abbaye.

6

Ces murs paraissent crouler encore, et on croit en entendre le bruit.

Les pierres semblent rouler et se précipiter à torrents, si vous y attachez quelque temps vos regards.

L'abbaye, nue et dévastée, était, à cette heure, solennelle et silencieuse, un véritable fantôme des siècles : elle semblait flotter dans l'espace, comme un vaisseau brisé condamné au dernier naufrage, où l'Océan va pénétrer par toutes les ouvertures qu'a faites la tempête.

Nous nous assîmes pour contempler cette scène, qui semblait la dernière de la vie de ce pieux monument.

Une même pensée nous remplissait :

Voilà ce qui reste de tant de travaux, de tant de silence et d'agitation, de tant

de retraite et de tant de bruit ! Voilà ce
que deviennent les chants, les hymnes, la
gloire, le bruit retentissant des glaives et
des armures, les sons de l'orgue, l'asile
de la prière, les autels de Dieu !

Tout cela remplacé par des pierres qui
tombent, et un silence qu'interrompent,
de temps à autre, le pas d'un voyageur de
notre âge, un rire de femme, un accord
de faible guitare, une romance, ou même
une chanson frivole, un écho vague ; trop
heureux quand il répète la parole d'une
pensée grave et sérieuse, digne, au moins
par l'intention, d'honorer de grands souvenirs ! Et au-dehors ! et dans cette société
dont l'abbaye faisait autrefois une partie
si importante, si respectée,... quels chan-
gements plus grands encore !

Habitudes , institutions , mœurs , comme tout a croulé , pour faire place à d'autres !

Quoi qu'on dise de ces temps, que la critique peut certe atteindre aussi , ils avaient un esprit créateur qui me semble disparu.

L'enthousiasme , la passion , mots qui soulèvent à présent de si stupides et de si orgueilleux sourires , mots et choses devenus presque de mauvaise compagnie dans le système de gravité positive adoptée par le désenchantement du cœur et la perte de toute foi et de toute illusion!

Nous nous éloignâmes des ruines, pour aller nous promener sur l'herbe et dans les chemins foulés jadis par les religieux et les rois.

Nous étions toujours ramenés vers les

vieilles charmilles qui forment les hauteurs
du vaste jardin. Là s'étaient nourries de
silence et de prière tant de saintes mélan-
colies! Tant de soupirs, tant de regrets
s'étaient exhalés!

De l'ombre de ces arbres nous passâmes
à l'obscurité des souterrains qui sont grands
à Jumiéges, mais ont, malheureusement
pour le rêveur et le poète, plutôt l'air de cel-
liers que de catacombes. Des nuées de chau-
ve-souris fuyaient devant nos torches, et
les oiseaux de proie faisaient, en s'envolant,
éclater en lugubres cris leur plainte et leur
colère.

Leurs sinistres prédictions ne nous em-
pêchèrent pas de trouver un repos salutaire
dans ces appartements que l'hospitalité des
moines réservait autrefois au pèlerin et au

...

voyageur. Je crois, Dieu nous le pardon-
nera, que nous couchâmes dans ce qu'ils
nommaient autrefois la *chambre des Dames*.
Il y avait, auprès, celle des Chevaliers, et,
au chœur du monastère, un palais pour les
rois. Ceci changea bien nos pensées et nos
rêves. Ce fut comme une transition à la
visite que nous avions à faire le lendemain
au manoir de la belle Agnès.

VII

.

ÉVEILLÉS de bonne heure par le beau temps et par notre désir, nous prîmes, dans la rosée, le sentier du jardin qui conduit *à la porte d'Agnès*. Elle ouvre sur le chemin rural qui porte le même nom. La route est fort agreste ;

et parée seulement de ces galants églantiers si fleuris au mois où nous la parcourions. Ce sont ces buissons que les Anglais nomment si bien : « *svreet briard* », douce bruyère.

Nous arrivâmes promptement à un carrefour nommé *carrefour du Roi*, où nous nous reposâmes sous de grands chênes, ruines et vestiges aussi des grandes forêts qui couvraient les communes entre Jumiéges et le Ménil. Excepté ces beaux arbres, rien n'en paraît plus ; mais le blé et l'avoine semblent ne pousser qu'à regret sur cette terre défrichée, et leur maigreur apparaît comme un châtiment.

Les chemins et les champs répandus à l'entour, portent des noms bien faits pour éveiller les douces réflexions et les souvenirs poétiques. Ce sont : la rue Main-Berthe,

le Val-Rouge, le Hamel, le Druglan, le
Clos de la Ruine, les Fonds du Roi, les
Quatre-Camps, le Tombeau des Sarrazins,
les Anneaux, le Camp des Vieux, etc.
Chacun d'eux est comme le titre d'une
chronique.

Après quelques instants de repos, nous
reprîmes notre marche, et arrivâmes en
peu de temps au Ménil. La déception sera
grande pour ceux qui y chercheront les
ruines du passé, les traces d'un beau et noble manoir, d'un galant logis, pour ceux qui
ne savent pas recomposer en eux ces asiles,
sitôt qu'on leur a montré la place où ils
s'élevaient. Tout a disparu ! de grandes et
épaisses murailles percées de meurtrières,
attestent seules que là fut une grande de-

meure qui avait à se défendre des coups de main de ces temps de guerre et de surprise. Il y a bien aussi quelques grandes fenêtres avec des bancs de pierre, comme on n'en fait plus aujourd'hui dans nos étroits et mesquins séjours.

Enfin, vis-à-vis de ces fenêtres, une salle où l'œil découvre, avec quelque peine, près du plafond, une ligne d'écussons effacés par la haine et l'envie révolutionnaires, plus que par la main du temps.

De tous ces bâtiments, on a composé un corps de ferme très sombre, qui donne peu d'émotions.

Voilà tout ce qui reste du manoir de la belle Agnès, de la dame de *Beauté* et d'Issoudun, d'un lieu de rendez-vous des amours de roi ! Point de promenades, point de fleurs, point d'ombrages, aucun sourire qui raconte les mystères du cœur; rien enfin! Néanmoins, il faut aller là, et les souvenirs et les pensées s'éveilleront, malgré l'absence des objets visibles qui aident tant la mémoire.

L'air et la terre racontent encore beaucoup de choses : deux noms : *Charles*, *Agnès*. Puis le ciel, les champs : c'est assez.

Nous l'éprouvâmes bien en revenant le soir vers l'abbaye : un de nous sortit d'un long silence pour nous dire la romance que venaient de lui inspirer ces lieux.

> Doux manoir de noble maîtresse,
> Où sont tes ombrages, tes fleurs ?
> Tout a disparu dans les pleurs,
> Tout s'est éteint dans la tristesse.

Un nom seul te fait vivre encor,
Plus que splendeur et renommée,
Et ce nom, ton dernier trésor,
Est celui d'une femme aimée.

Les murs sont croulés sur le sable ;
L'arbre dans sa racine est mort ;
Ce qui ne meurt pas sur ce bord
Est ce qu'on dit si périssable :
La mémoire de deux amants
Dont la rive encore est charmée !
Et le songe des doux moments
Passés près d'une femme aimée.

Agnès, nom cher à ce rivage !
Seras-tu le seul, en ce jour,
Que redira le chant d'amour
Dont tout amant te doit l'hommage ?

Je veux t'y nommer aussi , toi
Dont mon ame est toujours charmée ;
Plus que la maitresse d'un roi ,
O ma dame, tu fus aimée !

Un petit pré qui avait été long-temps
marécage et qu'ombrageaient quelques ormes et quelques châtaigniers comme en ont
tant planté nos aïeux, nous invita au repos.
Sur ce sol humide, nous trouvâmes en grand
nombre ces fleurs dont la poésie allemande
a fait un si touchant abus, et qu'elle a
nommées : *Songez à moi*, ou *Ne m'oubliez
pas*, ou *Fleurs du souvenir*.

Elles étaient parfaitement en harmonie
avec les lieux que nous venions de voir et tous
les trésors de la mémoire que retrouvent ici

7

l'esprit et le cœur. Nous leur chantâmes ces vers, qui méritent bien d'être connus.

> Sur ces marais qu'une onde impure
> Couvrit de son limon fangeux,
> Brille une fleur où la nature
> A reproduit l'azur des cieux :
> Voyageur aux rives lointaines,
> Arrête-toi pour la cueillir,
> C'est pour charmer tes longues peines
> Que croît la fleur du souvenir.

—Cela est-il donc bien vrai, dit un de nos amis ? Et l'oubli, avec tout ce qui se passe, n'est-il pas plus désirable que le souvenir ? Les anciens croyaient qu'on devait oublier pour trouver le repos et le bonheur. Je suis tellement de cet avis, que je chanterais volontiers à ces aimables fleurs le contraire de ce que je viens d'entendre :

Que me veux-tu, fleur des prairies,
Des sources et des bois épais ?
Viens-tu parer mes rêveries
Du tendre azur de tes bouquets ?
Laisse-moi, va, trop de souffrance
Au passé viendrait se lier ;
Ne parle pas de souvenance
A qui voudrait tout oublier !

J'ai vu la mort inexorable
Frapper dans mes bras mes amours ;

Injuste, amère et déplorable,
L'amitié m'a fui pour toujours.
Que de chagrins depuis l'enfance !
Que de fautes à confier !
O pauvre fleur de souvenance,
Que ne fais-tu tout oublier !

Je t'entends, je te vois sourire :
Tu sais des noms, céleste fleur,
Que tu crois pouvoir me redire,
Pour me rappeler au bonheur.
Détrompe-toi, va, la souffrance
Ne semble un instant sommeiller,
Qu'en immolant la souvenance
Au devoir de tout oublier.

Telle n'est point, cependant, la pensée

par où nous voulons clore cette suite de
souvenirs doux et sérieux.

Les individus peuvent quelquefois souhai-
ter l'oubli , non pas l'histoire ni les nations.

Grâce à Dieu , nous sommes dans un
temps où il ne peut les atteindre. Les recherches historiques n'ont jamais été si
nombreuses ni si bien éclairées.

Nous nous plaisons à rendre hommage
à la lumière dont elles ont guidé nos pas,
dans un chemin que nous n'eussions pu faire
sans ceux qui ont marché devant nous.

Ainsi se termina cette course sur la terre
gémétique, où nous dormîmes quelques nuits
de plus pour inspirer notre poésie de celle
de ces ruines.

Elles vivront encore plus, sans doute,

que nos vers pour lesquels nous n'espérons qu'une attention bien passagère, bien fugitive, auprès de celle que réclament des restes si saints et si glorieux.

VIII

Post-Scriptum.

LE relais de Duclair se faisait attendre (*espérer*, comme on dit en
Normandie); on vint nous avertir
que nous n'aurions de chevaux que dans la
vesprée (soirée).

Nous en prîmes fort bien notre parti,

et donnâmes toute cette journée à la contemplation et à la promenade.

Nous causâmes long-temps, assis devant
ce portail d'une architecture un peu lourde
et écrasée, mais imposante et vigoureuse;
belle introduction aux arcs de ce vaste édifice tout entier d'abord construit dans le
système du plein-cintre, au commencement
du onzième siècle.

Guillaume-le-Conquérant vint, le 1ᵉʳ juillet 1067, assister à la dédicace de l'église.

Saint Maurile, archevêque de Rouen,
officiait!

Quel spectacle ce dut être que celui-là,
que la cour et le clergé de ce monarque!
Quelle agitation guerrière et religieuse
autour de cette enceinte! Quels sentiments, quelles émotions dans la foule!

Comment n'avons-nous pas un Walter Scott normand pour faire revivre tant d'illustres morts !

Alors, l'église était dans sa belle unité, simple et robuste. Effet bien bizarre des siècles, elle était, à sa naissance, ce que nous l'entrevoyons aujourd'hui à son déclin. Le temps a fait justice de toutes les petites et mignardes choses que le changement des règnes et des modes avait imposées à l'église durant sa meilleure vie et vers son milieu. Les décorations prétentieuses, fardées de mauvaises couleurs qui défiguraient la belle et sainte pensée chrétienne si bien exprimée par l'ordre et l'unité dans les masses de la première architecture inspirée à la foi sévère, entière et complète des premiers jours du christianisme, tous ces pitoyables et prétendus embellissements avaient disparu. Nous rentrâmes dans l'église dont nous ne pouvions nous lasser d'admirer les proportions nerveuses et athlétiques.

L'austère nudité de la nef nous saisissait. Quelle harmonie avec la construction, la forces des hommes et des armures de ce temps !

Ce fut, dit-on, plus de trois cents ans après cette dédicace et cette rénovation, que commença à s'introduire la forme recherchée, mais élégante encore, qui fut le charme de l'architecture du règne de saint Louis.

Alors viennent les ornements de plus en plus mauvais et étranges; les sculptures, les fantaisies de monstres bizarres; abus tant reproché aux communautés par saint Bernard, dont la foi forte et sincère était si justement et si profondément révoltée de ces jeux d'une frayeur et d'une imagination qu'on peut bien dire impies.

Tout ce qui fut recouvert, recrépi par le goût changeant de chaque siècle, a péri. La force et la vraie beauté sainte du monument primitif sont demeurées.

Les peintures, surtout, dont peu sont regrettables sans doute, sinon comme curiosités et points de comparaison, ont passé.

Au premier rang de celles-ci devaient être les dessins et figures de ce grand arc de l'intérieur dont l'énorme pan semble, comme nous l'avons dit, se balancer dans les airs au-dessus des restes des fragments de la dernière croisée de l'église.

Ce qu'on peut y entrevoir dans l'amas et

la confusion des couleurs rose, jaune et blanc de cet immense pastel, indiquerait une des grandes scènes de l'écriture : peut-être le jugement dernier.

Tout cela avait dû, nécessairement, beaucoup altérer la grandeur des simples proportions de l'intérieur, en détournant l'attention de ces formes si belles et si naïves ; tout cela devait nuire à l'effet d'un ensemble si pur d'abord dans sa rudesse et dans sa force.

Il y avait là la différence de la piété à la bigotterie. Pour celle-ci, on ne peut aller trop loin dans les fades et petites choses ; le plâtre lui sied toujours à merveille. Plus tard cela devint pis encore. La renaissance acheva d'affaiblir à l'œil les voûtes lombardes et leurs puissantes arêtes.

Les teintes jaunes efféminèrent tout l'é-
difice ; sa physionomie disparut presque
entièrement sous les lavis et les filets rou-
ges, verts et bleus.

La ruine imposante se débarrasse de plus
en plus de ces pitoyables et profanes ornements ; mais hélas ! c'est pour mourir !

Ainsi ferait une belle et sainte femme à
ses derniers moments, repoussant, avant
d'entrer au tombeau, avec tristesse et plainte,
les parures fausses dont l'idolâtrie avait
obscurci, fané et voilé sa vraie et simple
beauté.

Ainsi nous suivions les altérations, la
destruction et la mort qui nous semblaient
marcher et agir sous nos yeux, car de temps
en temps les pierres et la poussière venaient
nous couvrir de leurs débris.

8

Nous refîmes entièrement notre promenade de la veille, et nous arrachâmes à ces
spectacles saisissants pour aller au loin visiter le territoire du monument expirant.

Ce territoire comprenait, au temps de l'abbaye et dès sa naissance, en bois, en vignes,
jardins et marécages, toute la partie de l'espèce de péninsule que les ondes de la Seine
serrent de trois côtés, à l'orient, au midi
et au couchant. Cette presqu'île n'a guère
moins de quatre lieues de circuit. L'église
ne possède aujourd'hui que son jardin de
quelques arpents; elle n'a plus même son
presbytère.

La vaste étendue concédée à son origine
ne doit point surprendre. Dès la création,
plus de quinze cents moines étaient enfermés
dans l'abbaye et se partageaient les soins,

l'administration, les devoirs du temporel et du spirituel monastique.

Nous passions par ces champs qu'ils avaient défrichés, par ces chemins qu'ils avaient parcourus tant de fois !

Nous arrivâmes au bord du fleuve. Ma principale pensée était de retrouver quelque indice de la place où, selon la légende, l'abbé de Jumièges, saint Philibert, avait, en se promenant, dû trouver la barque qui portait les fils de Bathilde.

Le fleuve semble, sous les coteaux que couvrent les bois de Brothonne, tout-à-fait destiné à cette scène.

Il est calme, étroit, arrêté. La barque des Énervés, jusque là emportée par des courants assez forts, surprise par ce moment où la marée, arrivée à son plus haut terme, laisse à l'eau grossie une complète immobilité, la barque a pu demeurer aussi immobile de manière à attirer l'attention du saint, qui venait alors respirer le frais du soir sous les ormeaux de la rive, dans la compagnie de deux de ses religieux. [1]

Un bateau de pêcheurs, au moment où nous arrivions, arrêté sur l'onde molle et soulevée, à cette heure, du flux que les

[1]
> ### L'ABBÉ.
> Frère Adam, j'ay trop grant désir
> D'aler sur la rivière esbatre,
> Venez après moi, sans débatre,
> Et vous, frère Romain, aussi;
> Ysnellement partons de cy,
>   Par amour fine.
>
> ### LE FRÈRE.
> Sire par sainte Katherine
>   Très voulentiers.
>   *(Miracle de Sainte Bautheuch.)*

marins appellent *étale*, ravivait en nous ce lointain et triste souvenir.

Nous contemplions la nacelle comme une apparition imprévue. Il nous semblait que la voix du passé nous disait : là furent recueillis les fils du Roi ; là descendirent ces coupables et chères victimes de la raison d'état. Là, des saints sauvèrent des princes, et sous ces beaux ombrages ils trouvèrent, avec les premières consolations, l'espoir, la certitude que leur crime était expié, et que le ciel apaisé allait s'ouvrir pour eux.

Bientôt, à un vent frais et assez violent qui accourait de la mer, la nature s'émut, le fleuve s'agita..... C'était un orage que poussait la marée. Alors, notre imagination créait une autre scène des siècles lointains.

C'était celle de l'an 840.

..

Le fleuve se couvrait des barques normandes, qu'elles remplissaient depuis cette
place jusqu'à son embouchure.

Des hommes terribles et gigantesques
encombraient leurs ponts et levaient leurs
haches meurtrières avec des clameurs
étranges et formidables.

Ils se montraient les tours et les clochers de l'abbaye ! Les vautours du nord
avaient aperçu une proie ! Les joies féroces
et avides éclataient en rires sauvages et san-
guinaires. Les ancres étaient jetées ; on s'é-
lançait à terre par milliers, et l'on courait
vers l'église que protégeaient mal de faibles
et insuffisants remparts. L'abbaye frémis-
sante, entourée, envahie, forcée, levait
en vain ses mille bras, ses mille voix au ciel,
appelant vainement à son aide ses saints et

ses vaisaux. Les féroces pirates, le blasphê-
me et l'imprécation à la bouche, couvraient
les saints cantiques, inondaient le sol tremblant sous leurs pas, pénétraient dans le
saint lieu, égorgeaient les moines sur les
autels, pillaient le trésor, buvaient le vin
sacré dans les calices, et, la hache d'une main,
la torche de l'autre, couvraient le sang versé
des cendres de l'incendie.

Tout disparaissait dans cette rapine sacrilége et meurtrière : l'or, les marbres,
les tableaux, les manuscrits, les morts !
Sauvages et barbares à la fois, ces fléaux
de Dieu couvraient la terre de ruines,
volant et dévorant à la fois le passé, le présent et l'avenir.

Puis, la horde regagnait les cavernes
flottantes, ivre et se disputant les dépouilles

humaines et divines, avec le fer qui les avait arrachées aux prêtres et à l'autel.

La sombre flotte poursuivait alors son cours, comme l'orage noir qui venait d'éclater sur nous en torrents de grêle et de pluie, et que nous entendîmes bientôt mugir sur la ville lointaine dont nous apercevions les horizons chargés de nuages.

Écoutant l'écho de la tempête et de nos souvenirs dans une cabane de pêcheur qui nous avait abrités, nous nous représentions mieux ce passé, qui éveillait en nous de nombreuses réflexions.

Ces terribles invasions, ces trombes de barbares ne se renouvelleront plus, pensions-nous ! Chaque peuple a son lit maintenant comme un fleuve. On a travaillé aux digues, aux ports. Tout semble enfermé, contenu.

Avec quelles peines, quelles sueurs !

Il n'y a plus à redouter de nos temps que les barbares intérieurs. Là existe toujours la race des Sicambres qui de temps à autre brise ses chaînes, rompt son ban, et, comme ses terribles pères, égorge, brûle avec un instinct funeste, une mission infernale : nous la revoyons de temps à autre, la hache et la torche à la main, dans nos révolutions.

Je l'ai reconnue plusieurs fois depuis cinquante années ; je l'ai vue à l'œuvre et s'acharnant, comme jadis, aux hommes, à l'or, aux statues, aux livres qu'elle met toujours en lambeaux avec une joie stupide et féroce. Sous des noms différents, avec d'autres mœurs, des armes nouvelles, c'est la même race de brigands cherchant, par la

ruse, la violence et le sacrilége, les biens
qu'il lui semble trop long d'acquérir par la
paix et le labeur. Ce sont ces mêmes créa-
tures du mal, avec son cri de guerre, son
goût de vices uni à celui de la destruction.
Puisse la société se garder mieux que n'a
su faire l'abbaye, si elle ne veut finir,
comme elle, par le ravage et la mort!

L'air redevenu serein nous fit songer à
regagner Jumiéges. Chemin fesant, nous
jetâmes un coup d'œil sur les lointains de
la contrée qui nous restait à explorer.

Des noms de chevalerie retentissaient autour de nous dans l'air : on nous montrait,
vers le couchant, les collines de Lillebonne
et de Tancarville, ces lieux d'assemblée de
comtes, de ducs et de rois, où se con-

certaient les lointaines expéditions d'outre-
mer, les merveilleuses entreprises, et cette
conquête de l'Angleterre dont elle tira plus
tard de si terribles représailles.

Les souvenirs qui nous attendaient nous
firent moins regretter ceux que nous quittâ-
mes en partant de l'abbaye, comme l'obscurité commençait à la couvrir de son voile
de silence et de repos. Il nous semblait
qu'un rideau immense tombait sur la scène
que nous quittions remplis des plus douces
émotions et des plus imposants souvenirs.

Les Enervés.

DES ÉNERVÉS [1]

de Jumiéges.

ous avons à nous défendre d'avoir accepté pour vérité historique le fait traditionnel des Énervés de Jumiéges. Nos raisons, pour cela, se trouveront naturellement

[1] L'énervation était le traitement cruel que l'on faisait subir aux malheureux qu'on voulait priver de l'exercice de leurs membres et surtout du pouvoir de marcher (ce que M. Langlois appelle les facultés locomotrices). Il résultait de cette peine une double incapacité d'occuper le trône, par l'espèce d'infamie qu'elle entrainait. Ce supplice venait de l'Orient. (P. 24 de l'*Essai sur les Énervés.*)

exposées dans l'examen de l'œuvre posthume du
savant E.-H. Langlois, que vient de publier
M. E. Frère, à Rouen, sur ce sujet intéressant.

Nous n'avons pas vu sans surprise que la con-
clusion de toutes les recherches de cet archéologue
si distingué, était que l'histoire des Énervés était
entièrement apocryphe et fabuleuse.

Nous ne nous attendions pas à ce dénouement.
Son auteur semble le regretter lui-même en plusieurs endroits de sa dissertation, et particulièrement vers sa fin :

« Il faut lui pardonner, dit-il, d'avoir introduit
« des croyances dont l'extrême popularité ne
« pourra trouver grâce aux yeux de cette fière rai-
« son, ambitieuse matrone qui, du point sublime
« mais peu perceptible qu'elle occupe, voudrait as-
« servir aux lois de son compas jusqu'aux incom-
« mensurables et mobiles domaines de l'imagina-
« tion.»

Certes, il nous semble que le savant n'avait rien

à se faire pardonner, et qu'il n'a que trop cédé aux exigences du *compas de l'ambitieuse matrone.*

S'il a admis sans réflexions ni commentaires les contes absurdes du Loup vert et des malices de saint Rigobert envers le diable, il a réservé toute sa critique et toute son incrédulité pour le fait des Énervés.

Ce dont on peut s'étonner, c'est que cela arrive après les heureuses découvertes des manuscrits de la Bibliothèque royale : la Légende et le Poème de sainte Batheuch, qui portent un caractère de vérité simple auquel il semblait bon de s'abandonner.

Secouant toute cette poésie (qui était l'histoire du temps), l'auteur de l'Essai n'a voulu chercher une vérité difficile que dans des dates lointaines qui ne sont pas peut-être plus sûres ni mieux prouvées que le poème et la légende, dans des faits tout aussi contestés et débattus sur l'âge et le caractère de Clovis, qu'en des récits enveloppés de la même obscurité que tout ce qui s'est passé

. . .

dans ces temps reculés. On dirait, en vérité, que la tâche du savant, que son thème d'élection, est de repousser les traditions. Il veut toujours les voir comme le fruit de l'ignorance et de la superstition. Il s'applique à chercher quel intérêt on a pu avoir à les donner au peuple qui croyait alors beaucoup au merveilleux. Nous lui en faisons, en passant, notre compliment; il valait autant croire ces choses que celles qu'il croit aujourd'hui, ou de ne pas croire du tout.

Nous concevons encore cette répugnance pour certains miracles comme celui du *Loup vert* portant la lessive des moines à la place de l'âne qu'il avait mangé dans la forêt, ou pour la statue de saint Rigobert, qui se déplaçait toutes les nuits pour tirer un pauvre maçon des griffes du diable. Mais, ici, qu'a donc de surnaturel et d'invraisemblable l'histoire de deux fils de rois condamnés à un supplice très usité dans ces siècles de barbarie? — Voici un fait attesté par les dissertations de plu-

sieurs de nos anciens chroniqueurs (par tous peut-
être , Guillaume de Jumiéges excepté), attesté
par un monument, par des statues, par une tradition des plus universelles , par une légende , par
un poème d'un caractère que nous osons dire admirable , malgré son peu d'étendue et sa concision,
surtout vers sa fin ; voici un fait admis par les
peuples , et qu'on veut que nous tenions pour une
fable , une imposture de moines intéressés !

A coup sûr, il ne nous appartient pas de dire
ou de proposer d'y croire. Nous ne pouvons
qu'exposer fort timidement notre conviction , et
la soumettre au jugement des autres , en donnant
les preuves , plutôt morales que matérielles , que
notre conscience a acceptées. Ces preuves , nous les
prenons dans le poème manuscrit que vient de nous
donner M. E. Frère, poème charmant comme œuvre
littéraire et de poésie à son âge d'or, que nous enga-
geons très fort à lire tous ceux qui aiment à revoir le
passé dans ses productions primitives et originales.

Avant toute analyse et toute citation, prévenons le lecteur qu'il ne trouvera, ici, aucune invention ou machine poétique, comme se sont si mal appliqués à en composer tant de poètes, poussés si long-temps et d'une manière si déplorable aux imitations des temps fabuleux du paganisme.

Le poème s'ouvre par un entretien de Clovis avec deux chevaliers qui discourent simplement et noblement sur la nécessité où est le prince de prendre femme.

On lui propose ou *Lorraine*, ou *Bourbon*, ou *Constantinople*, puis une jeune fille qu'Erchenoalz a recueillie, et qu'il affirme de sang royal :

> Rien en elle n'est à blâmer;
> Elle se fait de tous aimer.

Le roi la voit et l'épouse. C'est Bautheuch, ou Bathilde.

Tous les détails et discours de cette partie sont dignes de toute vraie et intime poésie.

Après le mariage, et les enfants qui en proviennent, l'idée du pèlerinage en Terre-Sainte vient au roi, qui met ordre aux affaires du royaume et part.

Avant ce départ, sa prévoyance a été grande et sage. Ses entretiens avec Bathilde sont attachants, par la prudence saine et naïve qui éclate à chaque instant. Comme toutes les traditions orales et écrites le rapportent, les enfants, voyant l'absence du roi se prolonger, s'emparent du gouvernement, méprisent leur mère, et Clovis, à son retour, est obligé de reconquérir son royaume par les armes, après avoir tenté en vain toutes les voies de conciliation. Tous ces mouvements sont suffisamment expliqués et grandement dits dans le poème, avec une foule de mots et de vers heureux, comme Corneille en a tant trouvé depuis.

La forme en est plus dramatique qu'épique, et le poème y gagne en vérité et en intérêt. Chaque personnage s'y dessine très net, parle merveilleusement le langage qui lui est propre ; roi, reine, chevaliers, princes et serviteurs. Bathilde est tendre, forte et inspirée. Ses adieux au roi sont naïfs et touchants ; tout cela est sincère, vrai, pieux et attendrissant.

Les fils vaincus, le roi rentré en possession du trône, il s'agit du châtiment que ces ingrats ont mérité. Bathilde est consultée par son époux, comme dans toutes les occasions importantes ; elle demande un instant de solitude et de recueillement, et c'est à Dieu qu'elle s'adresse.

C'est toujours Dieu, le Christ ou la Vierge qu'elle implore en telles circonstances, et par des jets et mouvements de cœur les plus remuants.

Pendant la révolte de ses fils, en l'absence du roi, elle s'était écriée :

> Et, Sainte Mère! d'où vient donc
> A mes enfants cette pensée ?
> Seigneur, gardez votre pardon
> Pour cette jeunesse insensée !

Vois comme ils m'ont là délaissée,
Et comme, depuis le départ
De mon noble époux, leur bon père,
Tout vient à mal, tout m'est contraire!

Plus tard, cette mère sait parler en reine; et,
lorsque le roi demande à son conseil si ses fils
doivent être ou non punis, et en quelle manière,
lorsque les grands opinent pour l'indulgence, par
arrière-pensée, sans doute, du règne à venir,
Bathilde arrête et clot ainsi la discussion :

Il convient les meffaiz pugnir,
Biaux seigneurs, ce dit saint Thiecle,
En cestui ou en l'autre siecle;
Et les paines de par delà
Sont trop plus griefs que ceux de çà.
Je vueil miex que mes enfans facent
Pénitance, par quoy effacent
Leurs meffaiz en ce monde ci
Qu'en l'autre. *Si vous dy ainsi*,
Pour chastier les filz des roys
A venir, que plus telz desroys

Contre père et mère ne facent,
Ne tel orgueil en eux n'embracent,
Je mesmes ceulz-ci jugeray
Ainsi come je vous diray :
Pour ce qu'il ont volu tenir
Le règne à force, souvenir
M'en doit bien, contre père et mère,
Et qu'il renièrent leur père,
Oians touz, je dy qu'à ce viengnent,
Qu'éritage jamais ne tiengnent,
Après, pour ce que armez se sont
Contre leur père, et fait li ont
Guerre, et li mis en grans descors,
La force et la vertu des corps
Perdent tost sanz arrestoison,
Et je juge que c'est raison,
    Et m'en acquitte

LE ROY.

Vous n'en serez mie desdite,
Dame, par Dieu qui fit la terre!   Etc.

Comment rendre ces vers en notre nouvelle

langue ? Je n'ose , en le tentant, espérer d'y réussir. Voyons cependant :

BATHILDE.

Il faut que les forfaits , Messeigneurs, soient punis
(Saint Thiècle nous l'a dit) dans ce monde ou dans l'autre.
Reine et mère à la fois , j'aime mieux, pour mes fils ,
Les peines d'ici-bas. *Cet avis est le nôtre.*
Il convient qu'à l'instant un salutaire effroi
Instruise en l'avenir tous les enfants de roi :
Plus qu'à d'autre on leur doit bonne et ferme justice :
Ainsi le veut la loi, que la loi s'accomplisse !

. . . .

Nous devons cet exemple aux enfants comme aux pères ;
Nous fléchirons ainsi les divines colères.
Ils ont voulu par force et trop tôt hériter ,
Eh bien ! cet héritage , il faut le leur ôter.
Contre le père absent ils ont tiré le glaive ,
Ils ont requis la force et la guerre,.... eh bien! donc ,
Que, cette force-là, le fer la leur enlève ;
Dieu juge comme moi que ce sera raison :
Il me pousse à parler ainsi ; je m'en acquitte.

Le devoir de reine et d'épouse accompli , la nature reprend ses droits dans le cœur de Rathilde.
On voit qu'elle cherche à sauver ses fils de la mort,
et , pour en trouver le moyen, elle a recours à la
prière ; cette prière nous a paru sublime, comme
l'entretien avec le roi , qui la précède.

> Très doulx Diex , je vous viens requerre
> Grace, et d'humble cueur mercier ,
> Et votre mere gracier
> Qui toujours m'avez adressié
> Et mes prières exaucié,
> Pour ce encores , Sire, vous pri
> Qui me demonstrez sans detri ,
> Que de nos enfants nous façons ?   Etc.
>
>   (P.213)

Essayons encore le vers français pour ceux à qui
notre vieux langage est difficile et obscur :

> Dieu très doux, très bon, notre père ,
> Conseil des humbles en prière ,

O vous qui m'exaucez toujours,
Dans nos bons, dans nos mauvais jours!
Au nom de la divine mère,
Dites-moi ce qu'il convient faire
De ces fils, mes premiers amours,
Traitres tous deux envers leur mère!
Nous faut-il cesser de punir?
Etre à présent doux ou sévère?
Parlez, ô Dieu saint, notre père!
Reine et roi, nous sommes sur terre,
O Seigneur, pour vous obéir!

DIEU.

Michel et Gabriel, Jean, Jésus et sa mère,
On nous implore, entendez-vous?

NOTRE-DAME.

J'entends, Seigneur, que ferons-nous?

DIEU.

Nous irons vers cette prière.

GABRIEL.

Apprenez combien il est doux
D'aimer et de servir ensemble!

Celui devant qui le ciel tremble
Va parler à l'humble à genoux.
Ceux que la Trinité rassemble ,
Et qui prient la Vierge et Jésus,
Ne seront défaits ni déçus ,
Et trouveront biens et vertus
Dans l'aimer et servir ensemble [1].

Dieu parle alors, et donne ses instructions à Bathilde : « Ses fils doivent être livrés au fleuve « dans une barque, avec un seul serviteur et des « vivres, et ainsi abandonnés à la Providence. »

Les lamentations des fils dans la barque sont pleines d'élévation, de piété et d'intérêt.

Nous avons trouvé un mot touchant dans la ré-

[1] P. 215.

Par aimer et servir ensemble
L'humble Vierge mere et son fils.   Etc.

Quel vers charmant que celui-ci :

Aimer et servir ensemble !

ponse du marinier à qui l'on demande son bateau.
D'abord il le refuse au *genais* de Bathilde; mais,
apprenant que cette princesse le réclame :

> Maitre, il n'est rien en son domaine,
> Même avant moi, qui ne soit à ma reine;
> Prenez ma barque, et ne me donnez rien,
> Tout en son royaume est son bien.

Voilà comme on l'entendait, en ces temps-là,
vis-à-vis des rois et des reines.

Les enfants placés dans la barque, le roi, qui a
voulu, avec sa cour, assister à ce départ, s'écrie :

> Ils s'en vont ! le doux roi de gloire,
> Enfants, pardonne vos péchés,
> Et vous bénisse, ainsi qu'on peut le croire,
> Je vous bénis, enfants..... Allez !

> (Le dous roy de gloire,
> Enfants, vos péchés vous pardoint,
> Et sa bénédicion vous doint !....)

(Miracle de Sainte-Bautheuc.)

La barque livrée au fleuve emporte les princes, et s'arrête sur le territoire des moines de Jumiéges.

On sait le reste : l'abbé les trouve, les recueille, et le serviteur de Bathilde vient lui rendre compte de sa mission.

Alors elle part avec le roi pour l'abbaye, où leurs fils sont moines.

Clovis dote richement l'église.

« Et ainsi se fini le jen. »

dit l'auteur du poème.

Remarquons-en la simple et naturelle ordonnance. Combien toutes les circonstances en sont bien motivées! Combien le possible est ici vraisemblable! Aussi, nul recours aux miracles ni aux saints. La voie providentielle a tout conduit, aidée par la prudence humaine.

Quoi de plus facile que cette aventure? combien la fin peut avoir été prévue et arrangée !

Un guide a été donné à cette barque. Des vivres y ont été mis.

Le serviteur sait ce qu'il a à faire, et sans doute il a reçu les instructions de la bonne mère et de la sage reine.

L'abbé aura été prévenu. Tout cela peut et doit avoir eu lieu ; je ne peux me refuser à y croire.

Je vois que beaucoup d'historiens, divisés sur les noms, le temps, sont d'accord sur ce fait qu'il y a eu des Énervés à Jumiéges, et rapportent les mêmes circonstances.

Les suppositions contre la tradition ne me paraissent pas plus fortes que celles en sa faveur.

La question n'est point jugée, la vérité n'est point connue ; on en est aux doutes et aux présomptions. Je garde ma conviction.

Je m'y vois encore encouragé par cet empressement qu'ont généralement les savants à contredire ce qui nous est transmis par la voix traditionnelle et populaire ; et n'ai-je pas entendu

démentir les faits les mieux établis de l'histoire
de Jumiéges?

Ne m'a-t-il pas été dit qu'Hasting n'y était
jamais venu , et qu'on le prouverait !

Ainsi du reste.

Réfutez donc toute la chronique de ce monastère
et son existence aussi; peut-être vos successeurs
découvriront-ils qu'un propriétaire de la contrée
s'est amusé, vers l'an 1830, à bâtir des ruines
d'abbaye, pour avoir occasion d'exercer son humeur hospitalière. Il me semble que j'entends lire
ce mémoire dans une société savante.

En attendant, j'oserai dire que le fabliau que je
viens de lire conclut mieux que toutes les dissertations.

On n'invente pas ainsi; il faut qu'il y ait un fond
vrai à ces détails positifs , à ces circonstances ex-
pliquées, à ces sentiments de reine, de mère, à ces
mœurs de chevaliers , à ce dialogue vrai, naïf et
inspiré.

Le poëme est plus clair que les commentaires.

Il semble impossible que le fait n'ait pas existé, dans un temps ou dans un autre, sous tels ou tels noms, et je peux croire, il me semble, qu'il y a eu des *énervés* à Jumiéges, que ce n'est point par fable et sans motif que, pendant des siècles, elle en a porté le nom.

POÉSIES.

A mon honorable Ami.

M. CHARLES NODIER,

de l'Académie Française.

SONNET.

O Charle, ô guide sûr! que de choses trouvées,
Sur vos pas tant aimés du gothique manoir!
A vous qui d'une main relevez l'encensoir,
Et de l'autre agitez la baguette des fées,

A vous proses et vers, de ces scènes rêvées
Aux bords où votre muse une fois vint s'asseoir ;
Où la sainte abbaye, aux lueurs d'un beau soir,
Sentit à vos accents ses tombes relevées !

A vous tous ces récits qu'entamait votre voix,
Lorsque la paix du monde en évoqua les gloires !
A vous tous les echos de ces jours d'autrefois,

Cher et bon enchanteur de nos vieilles histoires,
Héritier des secrets d'un si grand souvenir,
Et dont ce beau passé fait le bel avenir !

Méditation.

A Mme la Csse d'A......

Du besoin du passé notre ame est poursuivie,
Et sur les pas du temps l'homme aime à revenir ;
Il faut, au jour présent de la plus belle vie,
    L'espérance et le souvenir.

                   ..

C'est pourquoi vous marchez, jeune épouse adorée,
Riante, et de parents et d'amis entourée,
Dans la poudre du cloître et sur ses flancs ouverts,
Plus ardente à chercher la morne sépulture
Des souterrains profonds par la mousse couverts,
Que les dons renaissants de l'aimable nature
Étalant à l'entour ses bois et ses prés verts.

Ne foulez pas ces lieux avec indifférence!
Sur ces arceaux brisés jetez un œil rêveur:
Car les vieux souvenirs de notre ancienne France
      Y tourmentent le voyageur.
Autels, voûtes, tombeaux écroulés sur ces plages,
Parlez, racontez-nous vos gloires, vos tourments,

Et nommez au poëte errant sur ces rivages,
Vos saints, vos preux et vos amants.

Ce lieu fut un désert, dans l'enfance des âges,
Sans culture, sans habitants;
Le loup et le reptile y vécurent long-temps,
Sans ennemis, sous ces abris sauvages.
Mais la Religion, apportant ses autels
Sur cette terre désolée,
La rendit féconde aux mortels,
Dont le barbare impie encor l'a dépeuplée.

Le vandale moderne, une dernière fois,
Hélas! en a chassé les prêtres et les rois!

Nous n'y reverrons plus les grandes renommées,
Et nos fiers ducs normands et leurs sombres armées,
Ni de ces conquérants les féconds repentirs.
Jumiége ! Dieu te garde au moins des jours de crimes,
Sur ton fleuve tremblant, des royales victimes !
Que la Croix y revienne, et non pas les martyrs !

Terribles souvenirs qui peuplez cette terre,
Vous mourez chaque jour ! Du cloître solitaire
Combien d'illustres noms à chaque heure effacés !
    A peine la foule des hommes
    Sait-elle qu'aux lieux où nous sommes,
    Des saints et des rois sont passés !

Allez ! ce n'est pas vous que le monde réclame
    De tous ces grands débris !

Ce n'est pas le nom de Clovis,
D'Hasting qui vint porter la flamme
Et la mort jusqu'en ces parvis!
Le nom de Richard d'Angleterre,
Bras de géant, cœur de lion,
Qui vint au pieux monastère
Chanter les hymnes de Sion;
Le nom du terrible Guillaume,
Qui dans ces saints murs rêvera
La conquête d'un grand royaume
Qu'après lui nul ne conquerra.
Amis, c'est le nom d'une femme,
Que nous cherchons aux nouveaux jours,
D'une femme et de ses amours,
Antique faiblesse de l'ame,
Que l'ame retrouve toujours!

Agnès! oui, c'est ton nom que sur ces tristes rives
Redemandent des voix plantives,

Qu'on croit entendre soupirer,

Quand, le soir, parmi les décombres,

Un roi suivi d'illustres ombres,

Sur un tombeau revient pleurer.

Avec nous, cette nuit, ils suspendront leur plainte,

Et peut-être qu'un chant d'amour,

Porté jusqu'à la voûte sainte,

Consolera l'écho de ce séjour,

Car, à travers les tremblantes ogives,

Ils auront vu, sous l'ombrage arrêté,

Un cortége tout fier d'amener à ces rives

Une autre *Dame de Beauté* [1].

[1] Nom qu'Agnès avait pris du domaine de *Beauté*, que le roi lui avait donné.

Récits.

LES DEUX MOINES.

LES DEUX MOINES.

A M. Casimir Caumont.

Souvent, cher Casimir, je pense à vos ruines
Qu'entourent au printemps les blanches aubépines,
Au fleuve aux longs détours qui caresse leurs bords
Témoins de tant d'amour, de guerres, de remords.

12

Jumiège m'apparaît, seul reste des vieux âges,
Gardant sa forme encor, malgré tant de ravages,
Malgré la faux, le glaive, et l'homme qui détruit,
Au bout d'un certain temps, ce que l'homme a produit.
Et, dans ma solitude où renaît ma mémoire,
Dans ce livre brisé j'interroge l'histoire ;
Lisant, sur ces tombeaux où chancellent mes pas,
Des pensers que la main de l'homme n'écrit pas.

Parmi tant de grands noms debout sur cette rive,
Et que redit du soir la voix douce et plaintive,
Parmi ces Tancarville et ces ducs, et ces rois,
Ces amours, ces malheurs, ces crimes d'autrefois;
Il est des noms obscurs, peu connus du vulgaire
Trop avide d'éclat, de merveille et de guerre,
Qui mériteraient bien de sortir de l'oubli
Où leur humble destin demeure enseveli :

J'ai mouillé de mes pleurs la page du vieux livre
Que l'hospitalité dans ton manoir nous livre ;
Où le vieux chroniqueur redit naïvement
Comment se releva miraculeusement,
Par les barbares mains qui l'avaient démolie,
La sainte, bienheureuse et puissante abbaye.

C'était aux jours plus doux où la paix de Saint-Clair[1]
Jetait un filon d'or dans ce siècle de fer :
Rollon nous amenait, sur la terre nouvelle,
La fille de nos rois, la naïve Gisèle,
Et créait un royaume où son bras tout puissant
Avait tout renversé dans la poudre et le sang.
Jumiége, épars alors en lambeaux sur la terre,
N'était plus ce pieux et riche monastère

[1] Traité de Saint-Clair-sur-Epte, entre Charles-le-Simple
et Rollon.

Où venaient aborder et prier tant de saints:
Le ciel avait permis — mystérieux desseins ! —
Que la hache normande avide et sanguinaire
Dispersât sous ses coups autel et sanctuaire.
Peu des hommes de Dieu, dans ce cloître élevés,
De la flamme et du fer avaient été sauvés.

Deux d'entr'eux[1], à Rouen, pleuraient dans les prières
Les vertus, les malheurs et la mort de leurs frères.
Voyant la paix renaître et le ciel plus serein,
Ces deux religieux conçurent le dessein
De revoir une fois et de couvrir de larmes
Les lieux d'où les avaient sanglants chassés les armes.
Ils partirent tous deux, un bâton à la main,
Suivant, silencieux, cet antique chemin

[1] Ils se nommaient Gaudouin et Gaudoin.

Qu'à travers la forêt du Roumar [1] solitaire,
Ils traçaient, pourvoyeurs de leur saint monastère,
S'attendrissant souvent, dans de fervents soupirs,
Aux endroits où des croix rappelaient des martyrs.
Les eaux et les forêts, du haut de la montagne,
Se mêlaient et flottaient dans la verte campagne;
Ils entendaient au loin, avec frémissement,
Les meutes et les cors du jeune duc normand.
Guillaume, que son temps a nommé *Longue-Épée*,
Ame, comme son fer, robustement trempée,
Ouvrait son règne alors, et faisait concevoir,
Dans ses farouches mœurs, l'équitable pouvoir.

Deux fois la troupe ardente, animée à sa proie,
Près des moines passa, pleine d'horrible joie;

[1] La forêt de Roumare existe encore, et sépare Bapaume
de Duclair.

• • •

Chefs hardis, chiens brûlants, cris, rires prolongés
Qui réveillaient l'effroi dans ces cœurs affligés.
Guillaume, qui les vit en sa course rapide,
Du coursier écumant raccourcissant la bride,
Fut tenté de parler à ces hommes pieux
Inclinant noblement leurs fronts respectueux.
Mais le torrent chasseur fit changer sa pensée.
Les moines, reprenant la route commencée,
Descendirent bien tard dans l'humide vallon
Où la Seine serpente en son vaste sillon.

En approchant du but, leur pas pressé s'élance :
Une sainte tendresse augmente leur silence ;
Ils retrouvent le bois, les sentiers, les buissons !
Quelques champs défrichés, quelques pauvres maisons
Qui sous l'aile du cloître avaient trouvé refuge,
L'aumône et le conseil, la prière et le juge,

Disent aux pélerins qu'enfin ils vont toucher
Le terme que leur foi dans ce lieu vient chercher.

Dans un vaste circuit entouré de collines,
Se dressent chancelants quelques murs en ruines.
Ils s'arrêtent!....c'est là! c'est Jumiége!!ô douleur!
Tout est poudre, débris, confusion, malheur!
La ronce et les genets, sur la pierre noircie,
Remplacent l'or ravi par une main impie.
Épars et voltigeants, de sinistres corbeaux,
Des frères massacrés marquent seuls les tombeaux!
La nuit, près de couvrir cette ruine immense,
Ajoute à tant d'horreur l'effroi de son silence.

De fatigue et de pleurs les moines accablés,
S'étendent sur le sol, mourants et désolés...

C'en est fait ! l'espérance est à jamais perdue,
Et l'abbaye est morte ! En ce moment, la nue
S'entr'ouvrant doucement à la brise du soir,
Lance un rayon divin sur tout ce désespoir,
Et, frappant sur un marbre où vole une colombe,
Semble un céleste doigt entr'ouvrant une tombe.
Par un saint mouvement les deux prêtres émus,
Sur le marbre éclatant sont en hâte accourus.
L'oiseau de l'esprit saint qui plane sur leur tête
Contemple de ces cœurs la recherche inquiète,
Et ses frémissements, et sa voix et ses yeux,
Encouragent l'effort de ces cœurs généreux.
Du tombeau du prieur ils ont touché la pierre ;
Et tout près ! ô foyer d'amour et de prière,
Témoin du sacrifice et premier pas du ciel,
Fontaine de salut ! c'est l'autel ! c'est l'autel !

Aussitôt, à genoux sur la place bénie,
Et, du cantique saint entonnant l'harmonie,

Les deux prêtres ont dit : « L'ouvrage est achevé;
« Jumiége renaîtra : *l'autel est retrouvé !* »
Se relevant alors, leur ame consolée
Vit à travers les cieux la colombe envolée,
Tenant comme autrefois le terrestre rameau.
Le soleil au déclin versait sur le tombeau
Et sur la solitude, à travers les nuages,
Des torrents de lumière et des divins présages;
Il semblait, comme aux jours du saint victorieux,
Pour affermir les cœurs, s'arrêter dans les cieux.

Pleurant et bénissant, les deux vertueux frères,
Après avoir baigné ce lieu de leurs prières,
Voulurent s'endormir, sur le sol étendus.
La nuit leur apporta de leurs beaux jours perdus

Le rêve consolant et la sainte espérance :
Ils revoyaient du chœur la pieuse abondance ;
Des psaumes de Sion ils entendaient les chants :
« Seigneur, vous nous avez délivrés des méchants,
« Vous avez exaucé la voix qui vers vous crie,
« Béni soit votre nom, que nul en vain ne prie !
Alors, passaient, aux chants de l'orgue et de la voix,
Les cierges flamboyants, les bannières, les croix !

Dès l'aurore éveillés, ils coururent la plage,
Cherchèrent les roseaux, la terre, le feuillage ;
Se bâtirent un toit, et de tous à l'entour
Demandèrent l'aumône, au nom du saint amour,
Le denier pour leur pain, et l'or pur pour le temple.
Préchant et travaillant de parole et d'exemple,

Ils marchaient lentement dans ce chemin sacré,
Car les temps étaient durs ! Dieu permit qu'égaré,
Guillaume, s'oubliant dans ses chasses lointaines,
Descendit seul, un soir, au milieu de ces plaines ;
Que, surpris par la nuit, le royal inconnu
S'en vint à la cabane et fut le bien venu.
La chair était frugale et la couche grossière,
Mais le duc y trouva l'eau pure et la prière,
Le sommeil trop souvent absent de ses lambris :
« Que faites-vous ? dit-il aux deux frères surpris ;
Quel est, dans ce désert, le but de votre vie ?
— Nous voulons relever notre sainte abbaye.
— Vous, mes frères ! comment, dans votre pauvreté,
Avez-vous fait ce rêve ? — Il sera vérité,
Si Dieu qui l'a promis, aide notre parole.
— Eh quoi ! n'avez-vous donc que cet espoir frivole?
— Appelez-vous ainsi la foi de notre cœur,
La charité de tous, l'amour et le Seigneur ?
— Vous m'aurez donc aussi : j'en vaux bien quelques
    autres ;

De ce jour comptez-y, frères, je suis des vôtres »,

Dit le Prince touché d'un discours si pieux ;

Et, se levant alors, il leur fit ses adieux :

« Je récompenserai votre accueil charitable,

« Car votre cœur paraît meilleur que votre table;

« Je ne suis pas encore assez parfait chrétien

« Pour suivre ce régime et pour m'en trouver bien ;

« J'aurai soin, si je dois vous faire encor visite,

« D'amener quelque bon cuisinier à ma suite. [1] »

Guillaume, souriant, ainsi leur dit adieu.

Les moines, l'écoutant, espérèrent fort peu.

Cette humeur délicate, hors de propos railleuse,

Ne leur promettait pas une aide merveilleuse.

Ils rentrèrent chagrins pour la première fois

De n'avoir point chez eux de mets dignes des rois.

[1] Historique. (Manuscrit de Jumiéges.)

Il ne leur semblait pas que ce guerrier superbe
Pût, chrétien généreux, tirer leurs tours de l'herbe.
Dieu jugeait autrement. Comme de son coursier
Le duc pressait le pas, dans un étroit sentier,
Au plus fort des taillis de la forêt immense,
Un sanglier blessé plein de rage s'élance,
Et Guillaume, surpris, du bond désarçonné,
Au monstre sans merci se voit abandonné.
« Dieu des chrétiens, dit-il en cette heure funeste,
« Sauve-moi ! de mes jours je te donne le reste ;
« Je relève Jumiége et deviens son appui. »
Disant ces mots, l'éclair de son épée a lui,
Et, d'un coup où du ciel il voit la main puissante,
Le monstre est renversé sur la terre sanglante.

Le duc, se relevant, retourne sur ses pas :
Frappé du vœu promis qui l'arrache au trépas ;

13

Il revient à Jumiége où son destin le porte:

« Dieu dispose de nous, dit-il, ouvrant la porte.

« Sans doute vous avez, amis, prié pour moi,

« Et votre pureté sauve les jours du Roi;

« De ce moment, la foi me donne une autre vie:

« Seul maintenant je veux bâtir votre abbaye.

« A l'œuvre, et sans retard venez dans mon palais ;

« Puisez dans mon trésor, prenez hommes, valets ;

« Frères, tout est à vous: je n'aurai plus de trève

« Que l'épouse du Christ par moi ne se relève. »

.

Le lendemain, on vit les pierres, les marteaux,

Les bois de la forêt et les brillants métaux,

Amassés dans le champ qu'entourent les collines,

Commencer à cacher la trace des ruines.

Guillaume, ami, soutien de ces hommes de Dieu,

Partageant leurs travaux, ne quittait plus ce lieu :

Plus rempli chaque jour d'une tendresse sainte ,

Du palais du Seigneur il reculait l'enceinte ;

Profondément atteint du penser généreux ,

Qu'honorer Dieu , c'était rendre son règne heureux.

Apportant chaque jour des largesses nouvelles ,

Un cœur plus pénétré des beautés éternelles ,

Le duc s'éprit enfin d'un si fervent amour ,

Qu'il voulait, pour ce lieu laissant royaume et cour ,.

Aller finir sa vie en la sainte demeure ,

Disant que c'était bien le temps, la place et l'heure ,.

Dans le sein de son Dieu de pleurer le passé ,

Le mal , la violence , et tant de sang versé.

Il fallut que l'Église, au vrai devoir fidèle ,

Contînt par la raison l'ardeur d'un si beau zèle ;

Lui montrât ses sujets encor dans la douleur ,

Réclamant sa justice autant que sa valeur ;

Promettant que , plus tard , et sûre de sa voie,

Elle recueillerait son seigneur avec joie :

Le duc se résigna , non sans regrets amers ;
Il avait ici-bas vu les cieux entr'ouverts.

Jours des siècles passés , vous aviez bien vos larmes,
Vos ravages sanglants, vos funestes alarmes ;
Mais vous aviez aussi vos sublimes moments,
Et de la vie au cœur les saints élancements ;
La force dans les grands, l'amour dans la faiblesse ,
La prière partout ! divine enchanteresse ,
Plus forte que la lyre et qui renferme encor ,
Pour rebâtir le monde, un plus puissant accord.
Oh ! qui nous la rendra ! où donc la *longue épée* ,
Pour relever l'église alors qu'elle est frappée !
Débris du temple saint tombé sous tant de coups ,
C'est la société qui m'apparaît en vous !

Lorsque Napoléon , vainqueur de l'anarchie ,
Vit du monstre hideux notre France affranchie ,
Comme tout ce qui porte un message immortel ,
Sa voix criait aux siens : à l'autel! à l'autel!
Et sur ses pas , fameux par de nobles conquêtes ,
Il ramenait le peuple à ses antiques fêtes ;
Et du corps social l'édifice brisé
Se relevait plus grand sous le ciel apaisé.

Dieu nous suscite encor l'homme pur et fidèle ,
Au cœur ardent et simple , au religieux zèle ,
Pour fouiller nos débris et rapprendre aux humains
Les leçons du Seigneur et les sentiers divins!

Oh ! que nous entendions , dans l'orage qui gronde
Au fond des jeunes cœurs, ce cri sauveur du monde :
« Sur les peuples plus doux le Seigneur s'est levé ,
« Le monde renaîtra , *l'autel est retrouvé !* »

Juillet 1838.

CHARLES VII A JUMIÈGES.

—

Au commencement de janvier 1451, la garnison de Harfleur s'étant rendue au Roi, il s'en alla passer le reste de l'hiver à Jumiéges, à cinq lieues de Rouen. Ce fut là qu'il eut le malheur de perdre la belle Agnès. Elle avait des chagrins: beaucoup de gens la voyaient d'un mauvais œil. A ses derniers moments, elle montra beaucoup de dévotion et de repentir. Il n'y avait chose touchante qu'elle ne dit, parlant des misères de la vie et de la fragilité humaine.

—

D'où reviennent gaiement ces vaillants chevaliers?
Harfleur a vu leurs fronts couronnés de lauriers.

Comme ils marchent joyeux ! Leurs pesantes armures
Sont couvertes, pourtant, de neige et de frimats,
Et l'hiver est cruel ; mais que font ces injures
Et les rigueurs d'un siége au cœur de ces soldats ?
Ils sont français ! Par eux la patrie est sauvée ?
Ils s'en vont racontant tour à tour leurs exploits,
Aux Anglais abattus la province enlevée,
L'audace de Brézé, la valeur de Dunois.
Autour de Charles VII se pressent les bannières ;
Et le roi, souriant : « Bons chevaliers, mes frères,
« Mes amis, grâce à vous, les Normands sont français !
« Il ne reviendra plus, ce temps où d'un Anglais
« Le front audacieux essayait ma couronne !
« Vous souvient-il que, roi sans sujets et sans trône,
« A peine autour de moi quelques soldats épars
« Soutenaient sans trembler l'aspect des léopards ?
« Qu'à peine en mon parti s'obstinaient quelques villes,
« Mais fumantes encor des discordes civiles ?
« J'étais pauvre, vaincu ; mais j'avais des amis,

« Des amis tels que vous, cher Mailli, preux Saintraille :

« Puis j'aimais Dieu! son bras au trône m'a remis ;

« Il nous envoya Jeanne au jour de la bataille ;

« Elle avait sa parole, et fit voir à nos yeux

« La Victoire et la Foi, qui descendaient des cieux.

« Gloire à Dieu! » — Les guerriers aussitôt s'écrièrent:

« Gloire au roi ! » Tous ensemble autour de lui levèrent

Leurs glaives, leurs écus, leurs lances, leurs drapeaux :

« Vive France à jamais! — Donnons-lui le repos ! »

Reprit le prince, ému de ces transports de gloire ;

« A ces champs dévastés il faut que la victoire

« Profite enfin ; qu'ils soient mieux protégés par vous;

« Respectez leurs moissons ! Vous me le jurez tous!...

« Mon peuple souffre, il faut partager sa misère;

« Par nos fêtes, nos jeux, ne pas l'humilier ;

« Vous savez quels fléaux traîne après soi la guerre ;

« Aidez-moi, mes amis, à les faire oublier.

« Je voudrais de trésors payer votre vaillance ;

« Mais que de maux encore il me reste à calmer !

« Avant tout il me faut le bonheur de la France :
« Si vous m'avez fait craindre, il faut me faire aimer. »

Ainsi parlait le prince. On gardait le silence ;
Car ces preux, si vaillants, si fiers dans les dangers,
Si connus au pays par de beaux coups de lance,
N'étaient pas du trésor excellents ménagers.
Et le roi soupirait. « Quel poids que la couronne !
« Disait-il en lui-même ; et comment plaire à tous !
« L'un veut que je ménage, et l'autre que je donne ;
« Pauvres sujets ! je suis plus à plaindre que vous ! »

Voilà que, cependant, la tour de Lillebonne
Se montre dans les bois. Un noble chevalier

Accourt dans le lointain, suivi d'un écuyer;

Il se hâte, il se presse, et répond au qui-vive :

« Tancarville! » Aussitôt près du prince il arrive :

« Ah ! Sire, suivez-nous ! A ma tremblante voix

« Connaissez ma douleur : Agnès, Agnès expire,

« Et veut voir ce qu'elle aime une dernière fois. »

Le cœur du roi se trouble ; il appelle Dunois :

« Dans les murs de Rouen chargez-vous de conduire

« Ces braves, lui dit-il... Tancarville, j'y cours. »

Ils sont déjà bien loin. Les coteaux de Jumiége,

Enfermant de leurs bois la Seine aux longs détours,

Apparaissent couverts d'une éclatante neige ;

De l'antique abbaye on aperçoit les tours,

Et bientôt le manoir des royales amours

Où Charles, tant de fois heureux de sa tendresse,
Porta les pas légers d'une amoureuse ivresse !

Dans ces sauvages lieux, oubliés des humains,
Que de fois de son sceptre il délivra ses mains !
Que d'aimables transports, que d'enivrantes chaînes !
Que de bonheur jadis ! aujourd'hui que de peines !
Quelle angoisse de cœur, à chaque souvenir
De ces biens d'autrefois près de s'évanouir !
L'aride vent du nord, s'élançant sur la plage,
Courbe les longs rameaux des ormes sans feuillage.

Dans la vaste forêt, le roi, silencieux,
Jette un triste regard sur la terre et les cieux.

Tout paraît à son cœur de sinistre présage.

Le hurlement des loups et le vol des corbeaux,

Et le cri prolongé de l'oiseau des tombeaux.

Plus le but est prochain, plus la crainte s'augmente;

Plus il croit deviner, mêlés à la tourmente,

Dans le bruit des bouleaux agités par les vents,

De la cloche des morts les derniers tintements.

A son coursier fumant il prodigue l'injure,

Le presse, et, dans la nuit triste, glacée, obscure,

On n'entend plus, alors, frappant les durs sentiers,

Que les rapides pas des nerveux destriers.

Enfin les écuyers frappent au monastère.

Tandis que leurs coursiers hennissent dans les cours,

Le roi prend à la hâte un sentier solitaire,

Dont son cœur dans la nuit reconnaît les détours;

14

Impatient , d'Agnès il atteint la demeure ,
Fait retentir du cor le son accoutumé.
Agnès l'a reconnu : « Voilà le bien-aimé !
« Il vient à moi, dit elle; encore, encore une heure !
« Que j'entende sa voix, que je l'embrasse et meure ! »
Et le roi, que précède un moine du couvent,
Pénètre dans la chambre où , sur un lit gisante ,
Agnès, jadis si belle, aujourd'hui languissante,
Pour vivre et pour aimer n'avait plus qu'un moment.

Charles , muet d'effroi , quelque temps la regarde :
« Me reconnaissez-vous ? » s'écrie Agnès en pleurs.
« Je n'ai plus de beauté, mais toujours je vous garde
« Avec un doux souris le plus aimant des cœurs !
« Venez toucher encor la main de votre amie ;

« Je croirai que de Dieu le pardon est sur moi,

« Et, près de lui, bientôt je prierai pour le roi,

« Comme on sait qu'ici-bas j'ai fait toute ma vie. »

Et Charle au désespoir, pressant ses froides mains :

« Agnès ! à mon amour, eh quoi ! sitôt ravie !

« Ouvre ton pauvre cœur ; dis-moi par quels chagrins,

« Quelle injure ou quel vœu, ton ame est poursuivie,

« Et l'amant et le roi sauront te protéger.

« — Va, mon mal est trop grand : ce n'est pas ta puissance,

« O roi, qui peut guérir une telle souffrance !

« Mais, en te la contant, je peux la soulager.

« Je rêvais ton retour sur les bords de la Loire :

« Là, bientôt me parvint le doux bruit de ta gloire ;

« Il me parut qu'alors j'étais trop loin de toi.

« Dans le malheur, jadis il eut besoin de moi,

« Mais, disais-je, aujourd'hui partageons sa victoire.

« Glorieuse de toi, fière de ton bonheur,

« J'allais disant partout ma joie et ma tendresse.

« Qu'est-ce que j'entendis ! O mortel déshonneur !

« Mon ami, je ne suis qu'une indigne maîtresse !

« Ton nom est par le mien à jamais obscurci ;

« Tes maux viennent de moi, ceux de l'État aussi !

« Je t'arrache au devoir, j'énerve ta pensée;

« On nomme tes enfants, ton épouse offensée;

« On m'accuse, on te blâme; et j'ai vu qu'en tous lieux,

« Si tu ne m'aimais plus, on t'aimerait bien mieux !

« On me reproche tout, mon orgueil, ma faiblesse,

« Et tes moindres présents, et ma propre richesse !

« Voilà ce que partout on criait sur mes pas.

« Ils ont dit plus encore, et c'est un tel outrage,

« Que de le supporter je n'ai pas le courage :

« Ils ont dit, mon ami, que je ne t'aimais pas !

« Tu vois qu'il faut mourir! Je suis bien criminelle,

« Puisque je te ravis le cœur de tes sujets;

« Mais toi, tu rends justice à cette ame fidèle :

« Dis un mot, bénis-moi, je mourrai sans regrets. »

La colère du prince en ses yeux étincelle ,

Il s'écrie : « Est-ce ainsi qu'on respecte les rois ?

« Faut-il donc , repoussant le cœur qui les appelle ,

« Que de l'amour jamais ils n'écoutent la voix !

« Te connaît-il , Agnès , ce monde qui t'outrage ?

« Quand il m'abandonnait à l'ennemi vainqueur ,

« Sait-il que , m'appuyant de plus près sur ton cœur,

« C'est là que j'ai repris confiance et courage ?

« Sait-il que c'est par toi que mon bras fut armé ?

« Pour me rendre à l'honneur connaît-il tes prières ?

« Sait-il que , désertant moi-même mes bannières ,

« Je ne serais plus roi si je n'avais aimé ?

« Peuple ingrat et léger que cet amour offense ,

« Des maux que tu lui fais il consola mon cœur !

« Sais-tu combien de fois , désarmant ma rigueur ,

« Agnès a , près de moi , pris soin de ta défense.

« — Je veux la prendre encor dans ce dernier adieu ,

« Dit Agnès ; il faut bien que je le justifie !

                                              ..

« Il a raison, ce peuple, en condamnant ma vie ;

« Je suis comme à ses yeux coupable aux yeux de Dieu.

« Des erreurs du passé souffre que je m'accuse ;

« Le rang et la beauté ne sont point une excuse ;

« Un roi doit aux sujets l'exemple des vertus.

« Dis-leur mon repentir quand je ne serai plus ;

« Dis-leur que j'ai pleuré mes criminelles joies,

« Que Dieu me les remet, que je meurs dans ses voies ;

« Que je l'ai confessé le cœur plein de regrets ;

« Mais surtout apprends-leur, Charles, que je t'aimais !

« Adieu ! donne ta main, sois l'amour de la France ;

« Avant de la quitter j'ai vu sa délivrance,

« Tes ennemis vaincus, ton règne glorieux,

« Et j'emporte avec moi ce bonheur dans les cieux ! »

Ces mots furent suivis d'un effrayant silence.

Le prince veut parler, mais de nombreux sanglots

De sa vive douleur ont arrêté les mots.

L'abbé du monastère en ce moment s'avance ;

Pour le salut d'Agnès il redoute l'amour,

Et des vœux d'ici-bas quelque fatal retour.

Il vient avec respect montrer un front austère,

En s'approchant du lit parle de repentir :

« Brûleriez-vous encor d'une flamme adultère ?

« — Oh oui ! répond Agnès dans un dernier soupir,

« Oui, je l'aime toujours… mais non plus sur la terre ! »

UNE NUIT A JUMIÉGES.

Oui, vous avez dit vrai, mon ami : c'est la nuit,
Quand l'homme a disparu, quand la terre est sans bruit,
Qu'il faut, le front pensif et l'ame recueillie,
S'asseoir sur les débris de l'antique abbaye.
C'est quand la lampe d'or s'allume dans les cieux,
Qu'on peut, sur leurs secrets, interroger ces lieux;

Il est, nous le savons, tant de choses divines
Dans l'amour, les tombeaux, la nuit et les ruines!
A cette heure, surtout, si chère au souvenir,
Où ceux qu'on a pleurés nous semblent revenir !
Où nous croyons les voir près de nous, sur la terre,
Nous jeter quelque mot de l'éternel mystère.
Silence donc, silence ! Il ne faut pas troubler
Les morts qui, dans ces lieux, peut-être, vont parler.
L'esprit puissant des nuits maintenant les appelle,
Et chaque ombre du cloître à sa tombe est fidèle ;
Même ceux qui n'ont fait, dans les jours d'autrefois,
Qu'y passer, y voudront faire entendre leurs voix.

Les voyez-vous, penchés ou debout sur les pierres,
Les guerriers menaçants, les moines en prières,
Et ces terribles ducs, et leurs hommes du Nord,
Et leurs tristes vaincus qu'a délivrés la mort!

La nef et les arceaux , les tours , les voûtes sombres
Ne suffisent qu'à peine à contenir ces ombres
Que presse comme nous l'instinct du souvenir...
Aux lieux qu'il habita qui n'aime à revenir !
Oh ! je l'ai cru souvent , c'est un bonheur immense
Qu'à ses élus le ciel laisse pour récompense ;
Revoir ce qu'on aima , l'arbre qu'on a planté ,
Ce qui de nos travaux sur la terre est resté ,
N'est donné , voyez-vous , qu'aux ombres fortunées !
Tout oublier ! . . . voilà pour les ames damnées ! . . .

Mais un frémissement court dans les rangs troublés
De ces morts que la nuit a si vite assemblés.
C'est que Clovis le franck , à la haute stature ,
A fait, en s'avançant , résonner son armure.
La colombe du ciel s'élance devant lui ,
Car c'est par ce guerrier que la foi nous a lui ;

Car c'est lui, le premier, qui, venu sur ces plages,
D'une croix, d'un autel a béni ses rivages.
Le regard du héros y plonge soucieux;
Il n'y voit plus la croix, et s'en retourne aux cieux!

Rollon vient après lui; ce duc de Normandie
De volonté si forte et d'humeur si hardie,
Fronce bien le sourcil sur ses yeux affligés,
En voyant, pour les rois, les peuples si changés!
Mais, après huit cents ans, ce cloître solitaire
Montre encor ses arceaux et sa tour séculaire;
On y redit encor son nom victorieux;
Et le vieux chef normand s'arrête curieux.

Mais qui donc, écartant la funèbre phalange,
Descend des hautes tours avec des ailes d'ange?

Qui, parmi les débris se frayant un chemin,
A ce bras agité prête une noble main ?
Qui s'avance léger vers les touffes du lierre ?
C'est Charles, c'est Agnès, que la douce lumière
De l'astre au front d'argent guide comme autrefois.
Regardez bien, voilà le plus aimé des rois !
Et, près de lui, s'assied la plus noble maîtresse. . .
Ils tiennent des discours encor pleins de tendresse ;
Ils se donnent des noms que vous connaissez tous,
Et que, comme les rois, vous trouvez assez doux.

O temps des chevaliers, combien je vous regrette!
Anneaux d'azur, colliers, lances, brillante aigrette,
Mains de fer apportant les beaux bracelets d'or,
J'aime à rêver qu'ici je vous revois encor;
Et, tant que vont durer ces clartés fugitives,
Je veux rester les yeux fixés sur vos ogives,

15

Et causer avec vous de ces lieux regrettés.

N'est-ce pas consolant qu'ils soient ainsi restés,

Et qu'on ait arrêté les stupides ravages

Des révolutions et de leurs mains sauvages !

Bien des arcs sont rompus, bien des murs sont croûlés;

Les débris, dans les cours, se sont amoncelés;

Mais au Temps qui frappait on a fermé sa route,

Et, sa faux renversée, il s'assied, il écoute,

Au milieu de la nuit, l'écho des jours lointains,

Et des hommes nouveaux tous les pas incertains.

A l'aspect de ces lieux condamnés au silence,

Le vieillard a pleuré sur sa triste puissance;

Il contemple, un instant, les ombres des guerriers,

Des prêtres, des amants et des vieux chevaliers.

L'ombre le favorise et permet qu'il s'arrête.

Faisons ainsi que lui dans la sainte retraite :

Dans ces jours d'autrefois, vivons quelques instants ;
Hélas ! je suis de ceux qui regrettent ces temps !
J'aurais aimé les rois éclatant sur leurs trônes ;
Les tournois, les fleurons et les belles couronnes.
Je t'ai pris en dégoût, siècle des avocats,
Où la royauté meurt dans de tristes débats ;
Où tous les ergoteurs, sur les places publiques,
Pour faire peur aux rois, traînent des républiques ;
Ou je n'ai, pour charmer mon esprit attristé,
Que ces seuls mots : *la charte est une vérité !*

A quoi vais-je penser, au milieu de ces ombres,
Quand la lune, éclairant ces sublimes décombres,
Me montre, à ses rayons inondant les parvis,
Les armures de fer des guerriers de Clovis ;

Quand j'entends s'élever , des marbres de la tombe ,
La voix de la plantive et royale colombe;
Quand, dans les grands jardins de nos moines pieux
Montent incessamment des chants religieux !

O Jumiéges , pardonne , et permets que mon rêve
Dans tes seuls souvenirs se prolonge et s'achève ;
Que je savoure en paix la beauté de la nuit ,
Et la douce amitié qui vers toi m'a conduit ! . . .

Jumiéges, 25 août 1833.

Sonnets.

GEMITUS ou GEMMA.

Sur l'étymologie de Jumiéges.

D'où vient ton nom, Jumiége? ils ne sauraient le dire.
O vanité de l'homme et surtout du savant!

[1] Ce lieu se nommait autrefois la terre *gémétique :* quelques auteurs prétendent que ce mot vient du latin *gemere*
ou *gemitus* , parce que les religieux y *gémissaient* beaucoup : les autres veulent qu'il dérive de *gemma* , pierre
précieuse, parce que c'était la perle des monastères.

(*Hist. de Jumiéges.*)

Gemitus ou *gemma* : « douleur » ou « diamant » :
Il faut vous décider, mes confrères, sans rire.

Cela vaut l'in-quarto : mettez-vous à l'écrire.
L'auteur de l'Institut sera correspondant;
Si le monde moqueur rit du livre pédant,
A lui seul reviendra le plaisir de le lire;

C'est quelque chose encor. En attendant, je veux
Sur un sujet si grave émettre un avis sage :
Ce n'est ni l'un ni l'autre, ou bien c'est tous les deux,

Choisissez : tous les deux me plairait davantage :
L'histoire de ce cloître et de ces monuments,
Montre autant de *trésors* que de *gémissements*.

MINUIT.

Ce fut une heure sainte en rêves infinie ,
Qu'en cette nuit sereine aux doux scintillements.
Je passais , ô Jumiége , en tes vieux monuments,
Ruine , où renaissait mon ame rajeunie!

Sur le timbre fêlé de l'horloge vieillie,
J'entendis haleter douze frémissements,
Et ce sol des douleurs et des « gémissements »
Ouvrit ses flancs émus aux morts de l'abbaye.

Chaque coup m'amenait l'ombre et le souvenir :
Clovis, Rollon, Richard, Charle et sa noble amie.
Mon cœur alors ne fut qu'un sombre et long soupir.

Je songeais que ces morts reviendraient à la vie,
Plutôt que dans ces lieux je revisse jamais
La dame aux yeux chéris qu'autrefois j'y voyais.

Juillet 1838.

Poésies diverses.

A M. DE SALVANDY.

Sur une Épître de S. Paul.

.

Reddite ergo omnibus debita : cui
tribatum, tribatum : cui vectigal,
vectigal; cui timorem, timorem;
cui honorem, honorem.

— S. PAUL, *ad Romanos.* —

C'était un noble temps, plus noble que le nôtre,
Que le temps où, sans honte, on se faisait l'apôtre
De quelque homme de bien, grand par quelque raison,
Par son rang, son mérite, ou même par son nom.

16

C'était ordre, bon goût, douce humeur et tendresse
D'esprit bien au-dessus du soupçon de bassesse,
Que d'honorer, d'un vers aimable et gracieux,
Ceux que pour nous conduire avaient créés les Dieux.
Et combien il est doux de voir sur cette trace
L'affectueux Virgile et l'élégant Horace.....
Républicains pourtant, mais tels que j'en voudrais
Dans notre monarchie en butte à tant de traits !
Pour l'éloge, aujourd'hui, notre humeur est trop fière.
Nous avons plus de cœur que Racine et Molière.
Mais, c'est plutôt envie, orgueil, que dignité,
Bien moins indépendance encor, que vanité.
Tous les fronts sont hautains ; on ne veut reconnaître
Rien de plus grand que soi, si petit qu'on puisse être ;
Obscur et médiocre, on est gourmé, serré,
Dédaigneux et brutal, pour peu qu'il soit entré
Deux ou trois mots d'argot public dans notre tête.
Sur ces pédants nouveaux, vienne un noble poète
Qui nous rapprenne un peu comment on reste grand,
En traitant ici-bas chacun selon son rang !

Mais qui le dira mieux que l'apôtre sublime
Des peuples et des rois ! Dans une épître intime,
Saint Paul, sur ce sujet, tient un touchant discours,
Que je viens rappeler aux hommes de nos jours :

« Mes frères : je vous veux soumis à vos puissances [1] ;
« Elles viennent de Dieu. De leurs justes vengeances,
« Elles portent le glaive, et c'est, pour vous, devoir
« D'obéir et d'aimer. Je vous le fais savoir.
« Du fond de ma prison : la puissance établie
« L'est par l'ordre de Dieu. Résister est folie

[1] **Fratres :** omnis anima potestatibus sublimioribus subdita sit. Non est enim potestas nisi a Deo. Itaque qui resistit potestati, Dei ordinatæ resistit. (S. P., *ad Romanos.*)

« Et crime. Payez donc tribut , rendez honneur

« A celui que les lois ont fait votre Seigneur ;

« A ceux qu'il a pour vous chargés de récompenses

« Comme de châtiments. C'est pour vos consciences

« Un saint commandement, une suprême loi :

« Rendre en toute manière à chacun ce qu'on doit ;

« Et tous, sachez-le bien , nous sommes redevables :

« C'est là comme j'entends l'amour pour nos semblables;

« Honorer hautement , respecter et chérir

« Ceux à qui nous devons sur la terre obéir. »

De ces réformateurs tel était le langage.

Ce n'est pas , certe , ainsi que font ceux de notre âge !

On ne voit que docteurs , dans d'insolents écrits ,

A braver le pouvoir instruisant les esprits.

Ce n'est plus parmi nous qu'insultes, railleries,
Fiel, rire amer, injure, ignobles moqueries;
Que grossiers calembourgs dont se sont abreuvés,
Depuis un certain temps, les gens bien élevés.
De là vient qu'aujourd'hui, quand chacun à sa rage
Se livre effrontément, on crie à l'esclavage,
Et que rendre à quelqu'un un juste et sage honneur
C'est appeler sur soi les noms d'adulateur,
D'esclave et de vénal. De l'implacable race
De nos Brutus nouveaux, voulez-vous avoir grâce?
Dans le dénigrement sachez vous enfermer,
Aigrir le cœur de l'homme au lieu de le calmer.
Ce beau système a pris une telle influence,
Qu'il réduit à la fin les bons même au silence,
Et qu'on ne flatte plus, dans nos temps généreux,
Que l'amer sentiment des esprits envieux.
Dans leurs antres profonds, nos saints *humanitaires*
Ne savent plus louer que les loups populaires :

C'est sur ces têtes-là qu'on verse le parfum ,
C'est aux tigres qu'on dit : *Vous êtes cent contre un* [1].

Pour vous qui soutenez la puissance suprême ,
N'attendez , de nos jours , qu'insulte et qu'anathème ,
En ces temps de péril et de mauvais vouloir ,
De rêves insensés , d'ambitieux espoir ,
Où nul ne sait garder , heureux de sa prudence ,
La place qu'au soleil lui fit la Providence.
L'honnête homme , pensif, assis sur le chemin ,
Vous suit de tous ses vœux , en bénissant la main
Qui conduit les coursiers au bord de notre abîme ,
A travers les poignards et les piéges du crime.
Malgré l'esprit du temps , tous encor ne sont pas ,
Pour vos pénibles soins , d'indociles ingrats ,

---

[1] L'abbé de Lamennais , *Livre du Peuple*.

L'humble juste, écartant toute envie ombrageuse,
Voyant son toit paisible et sa famille heureuse,
S'incline et se recueille en finissant le jour,
Et pour le front qui veille, éprouve un juste amour.
Il dit : ce n'est pas moi qui parviendrais, sans doute,
A passer tant d'écueils dont on sème la route,
Et mon bonheur est grand, que juges et guerriers,
Jusqu'au Roi, quand je dors, me gardent mes foyers.
Le Seigneur l'a permis ! que je l'en remercie !
De combien de soucis il exempte ma vie !
Dieu vous sauve, vous tous condamnés au pouvoir !
Et c'est par où finit ma prière du soir. '

' Le vertueux théosophe Saint-Martin disait qu'il ne
s'était jamais couché sans remercier Dieu de deux choses ;
savoir : Qu'il y eût des gens qui voulussent bien gouve-
ner, et qu'il n'en fit pas partie.

Saint-Germain-en-Laye, novembre 1838.

LES SYMPATHIES [1]

ou

LES INSÉPARABLES.

𝕬 𝕸𝖆𝖉𝖆𝖒𝖊 𝖑𝖆 𝕸𝖘𝖊 𝖉𝖊 𝕭.

Ce n'était pas deux amis, deux amants,
Le frère ni la sœur, le mari ni la femme ;

[1] L'usage a donné ce nom aux Moineaux de Guinée.

C'était, dans le salon de noble et belle dame,
Deux oiseaux qui portaient ces noms doux et charmants.
C'est la tradition qui veut qu'on les appelle
Ainsi, non pas l'histoire naturelle.

Leurs tendres mœurs, aussi, leur ont bien mérité
Ce surnom plein de vérité.
Buffon qui, là-dessus, fait certe autorité,
Les dit si tendres, si fidèles,
Qu'on peut, même aux humains, les citer pour modèles.

« Ils parlent peu, dit-il, et le soir seulement ;
L'un à l'autre serrés se tiennent constamment.
Si l'un vient à mourir, l'autre se désespère,
Hélas ! et ne lui survit guère ! »

En usons-nous plus tendrement,
Nous qui promettons d'ordinaire
Tout ce qu'on veut, par contrat, par serment,
A l'autel et devant notaire!

Il en est deux que je vois tous les jours
(*C'est deux oiseaux que je veux dire*),
Et je ne sais quel consolant sourire
Me prend à contempler leurs discrètes amours.
Pauvres et chères Sympathies,
Que vous voilà bien assorties !
Qu'importe autour de vous tout ce qu'on dit et fait,
De jeux, de paroles, de fêtes ;
Vous vous aimez, chacun de vous le sait,
Cela suffit, et vous penchez vos têtes,
Rêvant à votre doux secret.
Rien ne vous en détourne , ou ne vous en distrait.

Parfois, pourtant, une harpe résonne,

   Dont l'accord touchant vous étonne ;

Et vous dites tout bas : « Au ciel on les croirait,

« Et si l'on n'aimait pas, comme on les envierait ! »

   Et puis, la nuit vient à surprendre

   Le couple solitaire et tendre.

Alors, ils ont un doux gazouillement

   Qui signifie apparemment :

    « Adieu, bonne nuit, douce amie,

    « Vous savez bien que c'est ma vie

    « Que la vôtre, et que par ainsi,

    « Si vous mourez, je meurs aussi,

— « Je le savais, dit l'autre Sympathie,

« Et soyez sûr que je le crois. — Merci !

   — « Que pensez-vous de l'esclavage

   « Où nous vivons ? Point de feuillage,

   « D'onde limpide, de ciel bleu !

   — « Je pense que c'est grand dommage,

   « (Dit la femelle en son langage),

   « Mais qu'après tout, il n'est pas sage

« D'y penser quand on est en cage ;

« Puis encor que soleil, ombrage,

« Et fleurs, de tout l'amour tient lieu.

— « Oh ! vous avez raison. Adieu. »

Quelles douces amours que celles des volières !

    Et, bien qu'elles soient prisonnières,

Que je les enviai de fois, durant le cours

    De mes jours !

Aimez-vous, aimez-vous, mes chères Sympathies,

    Ayez les mêmes fantaisies ;

Que béni soit le muet entretien

    Où vous vous entendez si bien !

Point de soupçons méchants ni d'aigres réparties,

Jamais on ne se gronde, et le bonheur les tient,

Pauvres oiseaux du ciel, entre ses mains bénies,
Comme deux ames réunies,
Et s'ils s'ennuient... on n'en sait rien.

A UNE ÉTOILE.

Hélas ! pourquoi faut-il que l'étoile adorée
  Où se plaisent mes yeux,
D'ombres et de vapeurs soit toujours entourée,
  Comme on l'est en ces lieux !

Que ne puis-je la voir en son ciel solitaire,
Sans ce nuage obscur
Renouvelé sans cesse et cachant à la terre
Son doux rayon d'azur !

Dans de rares moments parfois elle me guide
Par un peu de clarté,
Ce n'est qu'une lueur qui me rend plus avide
De toute sa beauté.

Astre aimable et chéri, qu'au moins cette lumière
Où tu me vois venir,
Me laisse lire, enfin, dans ton malin mystère,
Le mot de l'avenir.

Mais l'étoile est muette, et, sûre de sa voie,

     Sévère avec douceur,

Trouve qu'à travers l'ombre, et pour peu qu'on la voie,

     C'est assez de bonheur.

Quel combat entre nous inépuisable et tendre !

     Où peut-il s'arrêter ?

Sans cesse tu me dis : je ne veux pas descendre,

     Moi : je ne peux monter !

.

:

MILTON.

Sonnet.

Ce que j'ai recueilli de ton œuvre, ô Milton !
C'est cette vérité, lumière de ma vie,
Arrachée à ton fier et sublime génie,
Et livrée à la terre en expiation :

Que l'esprit insolent de révolution
Est venu de l'enfer, fournaise de l'envie,
Et que, là, s'ouvre, immense et jamais assouvie,
La gueule aux dents de fer de l'opposition.

Ce que j'ai retenu de ta lyre immortelle,
Ce que ma faible voix veut redire en tout lieu,
C'est que l'ange est soumis et le démon rebelle ;

C'est que, dans son humeur confiante et fidèle,
L'ange loue et bénit, livre ses bras à Dieu,
Quand hurle le démon dans sa haine éternelle.

LE SAULE ET LA GRANDE ROUTE.

Sonnet.

Sur le bord du chemin de Mantes la jolie,
Et non loin de Meulan, de poussière entouré,
Est un saule si beau qu'on le croit consacré
A quelque ombre en ce lieu jadis ensevelie.

Une source, au-dessous, s'échappe et n'a de vie
Que pour passer la route et son pavé serré,
Arroser le gazon d'un humble petit pré,
Et se jeter aux bras de la Seine fleurie.

Voilà bien mille fois que le sort me conduit,
Pour des buts différents, devant ce frais ombrage,
Et j'admire comment la foule, ni le bruit

Ne peuvent altérer son eau ni son feuillage.
Pareil à vous, Madame, il m'a toujours semblé
L'image de jours purs dans un monde troublé.

LE TONNERRE.

Sonnet.

Vous aimez voir de loin , dans la nue enflammée ,
Les flèches de l'éclair tomber sur nos vallons :
Par un charmant effroi doucement animée ,
Vous montrez en riant l'eau qui mouille nos fronts.

Mais la foudre rapide amenant son armée
Et son nuage noir autour de vos balcons,
Par vos mains aussitôt la fenêtre est fermée,
Et vous dites , tremblante : assez, assez, rentrons.

De certain cœur de femme, oh ! voilà bien l'image,
Jouant avec l'amour et son lointain nuage !
Le danger en est doux, le trouble plein d'appas.

Prenons garde, pourtant! c'est un dangereux maître :
Il peut nous devancer , précipitant ses pas,
Si bien qu'il soit trop tard pour fermer la fenêtre.

A MADAME ADÈLE HUGO.

Bien jeune je la vis, vierge pure et bénie,
A son premier amour nouvellement unie,
Calme comme la fleur en son naïf éclat;
Belle, qu'on la croyait filleule d'une fée,
Si belle ! que l'époux, poëte à voix d'Orphée,
Disait : tout mon bonheur, toute ma gloire est là !

18

Quelques ans écoulés, l'épouse devient mère :
Qui ne sait, parmi nous, que cette joie amère
Trace les plis humains aux plus célestes fronts !
Rien n'altère pourtant la touchante harmonie
Dont l'a, dès le berceau, douée un beau génie,
Et plus charmante encor tout bas nous l'adorons.

Le temps fuit ! la voilà toujours, toujours plus belle,
Et chaque âge lui jette une grâce nouvelle,
Un accent plus suave en sa bouche de miel :
Je n'ai jamais mieux lu que sur ce doux visage,
Qu'à ceux qu'il aime, un jour Dieu rendra son image,
Et que, vivre pour eux, c'est marcher vers le ciel.

ÉPILOGUE.

J'aime ma Normandie et ses vertes collines,
Ses forêts, ses châteaux, ses gothiques ruines;
Ses fleuves dans les prés, ses *cours*[1] majestueux,
Témoins de nos amours après nos premiers jeux;
Ses îles de pommiers, de flottes entourées,
Ces barques de la mer de leurs flammes parées;

[1] *Cours*, nom des grandes promenades des villes de province.

Ces temples au Seigneur montant de tout côté ,
Et de leurs Croix de fer protégeant la cité.
Je ne m'arrête pas , j'en conviens , à ma honte ,
Quelque riches qu'ils soient, dans les lieux où l'on compte,
Ni sous la roue immense , ingénieux moteur ,
Dont j'ignore les lois , le nom et l'inventeur.
Vous avez mon respect , agents de l'industrie ;
Mais ce n'est pas en vous que j'aime ma patrie.
Je fuis , en le plaignant , l'homme des ateliers ,
Et ma muse s'effraie au bruit de vos métiers.
J'admire les tissus qu'à mes yeux on déploie ,
Mais vois l'industriel comme le ver à soie ;
Je suis reconnaissant de son pénible soin ,
J'admire , j'applaudis , et vais aimer plus loin.

Oh ! dans vos flancs boisés , il est bien des retraites,
Encore, aux doux pensers propices et discrètes.

Les murs n'ont pas tout pris et la nature encor
Garde quelques abris où cacher son trésor.
C'est là que je me plais, là que je cours bien vite
Chercher le souvenir dont mon vieux cœur palpite.
Les fermes au grand chêne et la montagne où dort
Catherine la sainte, à l'abri d'un vieux fort. [1]

Là, sur les flancs unis d'une courte verdure,
La paquerette étend sa fidèle parure ;
Là, résiste à la bêche un reste du rempart
Que vint bâtir Henri sur le camp de César.
Et de là, le regard de mon ame attendrie
Plane long-temps rêveur sur la douce patrie.

[1] Le fort de Sainte-Catherine fut bâti sur la montagne où les os de la sainte reposaient, dans une chapelle érigée à sa dévotion. Plus anciennement, César y enferma ses légions dans un camp dont les vestiges sont encore très apparents et très reconnaissables.

...

En contemplant au loin l'horizon et ses champs,
Les places de nos jeux, de nos pleurs, de nos chants,
Je croyais retrouver mes brillantes années,
Loin du toit paternel aujourd'hui si fanées !
Je croyais voir venir, dans les mêmes chemins,
Les amis, les amours qui me tendaient leurs mains !...
Tous absents... ou perdus ! Sur ces plages si belles,
Rien ne m'était connu ! toutes formes nouvelles,
Et tous indifférents passant devant mes yeux.
Je ne retrouvais plus que les noms et les lieux !
Étranger, sans maison, sur la terre natale,
Triste, je descendis dans la chambre banale,
Arrivant au pays en simple voyageur,
Et sentant mille voix qui pleuraient dans mon cœur.

Heureux, vous qui venez sur cette belle rive,
Sans avoir dans le sein cette note plaintive :

Le souvenir amer d'un passé sans retour ;
Oh ! vous ne verrez pas mon pays sans amour !
En lui tout doit parler à vos ames éprises ;
Les arbres et les tours, les tombes, les églises,
L'océan où le fleuve, en ses détours fleuris,
Vous conduit et se perd devant vos yeux surpris.
La Suisse et ses chalets, ses Alpes dentelées,
N'ont rien de plus riant que nos fraîches vallées ;
Ses glaciers et ses lacs n'ont point d'aspects plus beaux
Que nos golfes d'azur sillonnés de vaisseaux.
Les donjons féodaux des Hautes-Pyrénées
Ne parleront pas mieux aux ames étonnées,
D'armes, de chevaliers, de nains, de négromans,
Que les murs écroulés de nos vieux chefs normands.

Devant les nobles cœurs affamés de l'histoire,
Romains, Gaulois, Anglais et leur antique gloire,

Dans un cadre enchante revivront tour à tour....
Oh! vous ne verrez pas mon pays sans amour!
Allez plus loin, prenez le bateau des *Génies*, [1]
Descendez le beau fleuve et ses ondes unies.
Bientôt il s'élargit, majestueux et fier
De son prochain hymen avec la vaste mer.
La voilà! tout grandit, s'anime! tout s'enchante
Et s'embellit; les eaux, la prairie et la plante;
Ce n'est pas sans raison que le vieux chroniqueur
A des bords si riants donna des noms en *fleur* [2].
Avancez, tout devient solitude et nature,
Plus de bruits d'ouvriers dans leur prison impure.

[1] La *vapeur* joue un très grand rôle dans les contes des *Génies*, et nos nouveaux bateaux me les rappellent souvent: ce devait être un des secrets et des artifices de leur magie.

[2] Dans l'espace de quelques lieues, on rencontre *Barfleur*, *Fiquefleur*, *Harfleur*, *Honfleur*, dont les noms, assurent les chroniques, ont été donnés par les premiers conquérants barbares, charmés de ces beaux sites fleuris.

Le pêcheur vagabond livre sa voile aux vents,
Et vous n'entendez plus que les flots bondissants.
Les rochers, les récifs, les plages isolées
Répondent aux soupirs des ames désolées.
Là, rêvez au déclin, au lever d'un beau jour,
Et, pour mon beau pays, vous aurez mon amour.

Saint-Germain-en-Laye, mai 1839.

fin.

TABLE.

ROUEN

IMPRIMÉ CHEZ NICÉTAS PÉRIAUX

RUE DE LA VICOMTÉ, 55.

www.ingramcontent.com/pod-product-compliance
Lightning Source LLC
Chambersburg PA
CBHW070523200326
41519CB00013B/2912